U0375199

玩转星球

杰拉德·特·胡夫特　著
张少华　苗琳娟　杨昕琦　译

中国科学技术大学出版社

安徽省版权局著作权合同登记号：12181811号

图书在版编目（CIP）数据

玩转星球/（荷）杰拉德·特·胡夫特（Gerard' t Hooft）著；张少华，苗琳娟，杨昕琦译. —合肥：中国科学技术大学出版社，2018.6
ISBN 978-7-312-04324-6

Ⅰ.玩…　Ⅱ.①杰…②张…③苗…④杨…　Ⅲ.未来学—普及读物
Ⅳ.G303-49

中国版本图书馆CIP数据核字（2017）第287019号

中国科学技术大学出版社出版发行
安徽省合肥市金寨路96号，230026
http://press.ustc.edu.cn
https://zgkxjsdxcbs.tmall.com
安徽国文彩印有限公司印刷
全国新华书店经销

开本:710 mm×1000 mm 1/16　印张:10.5　插页:2　字数:123 千
2018年6月第1版　2018年6月第1次印刷
定价:49.00 元

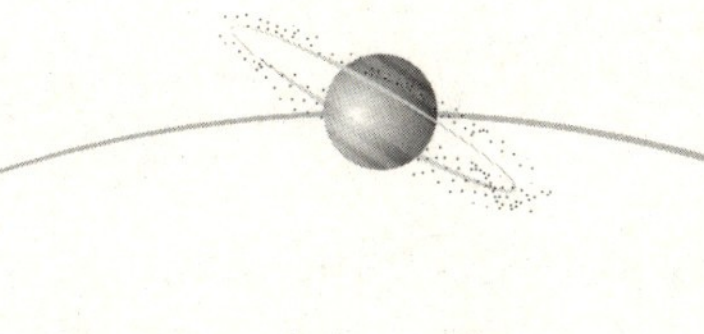

序　言

致中文版读者。

我们未来的生活会是什么样的呢？ 书店里那些科幻小说能否为我们提供好的指导呢？ 这些书籍中的虚构成分远大于科学成分，而其中的科学也经常是错误的。 但如果只用已知的科学作为指导，这个社会似乎就很难有有趣的新发展和新变化。

如果你真的想了解我们未来的世界，就不应该忽视当下已知的科学，并且你还必须找到一些“空白点”。 “空白点”还有很多，但是对非专业人士而言却很难发现。 这是我写《玩转星球》这本书的出发点。 中国科学技术大学出版社把这本书引入中国，翻译并出版中文版，我希望我的中国读者们会喜欢它。

当你把科幻小说中的“虚构”成分拿掉，就会得到所谓的“科学纪实小说”，在这里，我们将会用科学事实来推测未来。

《玩转星球》会讨论很多主题，例如机器人、人工智能、气候变化等。 最近，科学和技术取得了新的进展，可以看出此书中所做的一些预言离现实也更近了一步①。

这本书原版是荷兰文的，出版后被翻译成了多种语言，如英文、日文等。 中文是一门特殊的语言，与字母语言有很大的不同。现在，中国科学研究正在逐渐赶上世界上最前沿的研究，越来越多的中国年轻人积极投入到科学研究中。 我希望此书的简体中文版能给他们带来惊喜，我的一些预言还等着他们来实现。

Gerard 't Hooft

① 译者注：原荷兰文版出版于2006年，距今已有12年。

前 言

作为一个理论物理学家，我的日常工作由科研和教学两部分组成，当然都是关于理论物理学的强专业性课题。通常，我专注于物质最微小的组成单元——基本粒子，还有它们相互作用的方式。实验物理学家的伟大工作是设计和操作复杂的实验装置，从而进行实验和观察，他们识别粒子并测量它们的属性。而我们理论物理学家则尽我们所能，把他们所有的发现放置于一个适当的理论框架中，然后尝试对未来做出预言：下一步有待发现的会是什么？怎么来实现？

我们所用的语言（包括所写的公式），只有一小部分人能理解。这是一种宇宙通用语言，它可以用于最微小的粒子，也可以用于整个宇宙，还可以用于恒星和有人居住的行星，这就是数学。但是，这是一种非常难学的语言。

本书使用了一种与之不同的语言，因为一般人并不需要对数学有全面的理解。另外，本书的话题也跟我平时的研究内容有所不同。这里，我会讨论对未来的思考与推测。基于科学事实的科幻小说，我称之为“科学纪实小说”。

我的目标是对已知的科学事实绝不能视而不见，在预测未来时，我所相信的事实是不能被忽视的。尽管有了这些固有的限制，我们前方的世界依然精彩至极。这就是我想要描述的世界，不管现在还是未来，我坚持要让自己的想象疯狂起飞。

这本书最初是用我的母语荷兰文书写的，我的女儿萨斯基亚（Saskia）把它翻译成了英文。她以忘我的热情，在译出英文版的同时，极大地优化了原来的荷兰文版。

在本书的创作过程中，与几位朋友和同事的沟通，让我获益颇多。尤其要感谢以下几位：弗雷德金（Edward Fredkin）提供了很多有意思的评论和建议，弗尼斯（Joanne Furniss）在本书的编辑过程中贡献颇多，克莱纳特（Annemarie Kleinert）对原稿的批判性阅读提供了很多有价值的建议。

希望本书成为被真正的科学所激发的白日梦般的奇思妙想的个人见证。

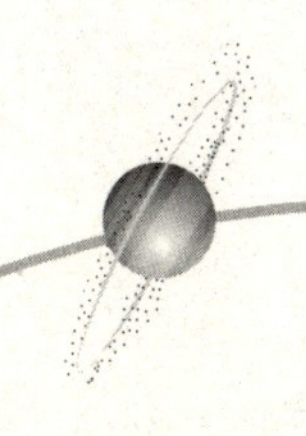

目录

第1章 倒计时

我的宇宙飞船涂着明亮的白色，还有时髦的红黑相间条纹。舱口的小窗子看起来是黑色的，是为了用来阻挡恒星发射出的危险紫外线。起飞和着陆都垂直地完成，一旦着陆，宇宙飞船就停在它小而稳的尾翼上进行休整，尾翼上安装着三个或四个引擎。显而易见，这艘宇宙飞船已经遨游了很久，它的外壳已相当破损，有明显的凹痕。它已经带我去过很多遥远恒星的行星和卫星。我所选择的围绕行星航行的椭圆形轨道，对于我已不再有任何秘密。我还知道怎么保护自己免遭猛烈而狂乱的太阳风的袭击。

我那时候9岁或10岁。那艘宇宙飞船是我自己设计的，它是用纸粘起来的。采用反重力方式工作，所以引擎很小，仅需很少的燃料，采用反重力方式工作是我为此特意设制的一个原则。在我的素描本上，那些我曾到访过的行星的草图是多么令人惊叹啊！

自然，我在星际探险中，一个强烈的愿望是超越其他所有太空旅行者。目前看来，实现这个愿望是非常困难的。我发现存在竞争者，而且为数不少。他们就是科幻小说作者，他们在作品中的想象力远超过我：他们发明了旅行速度超过光速几百倍的宇宙飞船，他们与纯意识生命的天外来客相见，他们描述的外星人在自己的星球上舒适地旅行，期待通过触角的颤动进入超空间。相比于这些对手，我是不可能赢的。

但是有一丝让我持续前行的慰藉是，对手们都在瞎扯！他们无限度地修改自然法则，强行透过一个虫洞来穿越空间和时间，或者进行超自然的交流，这些在我的疯狂想象中都是不可能实现的。如果不尊重科学所带来的限制，科学小说便真的再也不会那么有趣了。如果你想进行星际旅行，就必须遵从自然法则，同时找到其中的空白点，这才是重要的。你必须清楚自然法则是不可抗拒的，任何的违抗都是不允许的。那么，你就必须更加聪明一些。

请相信我，关于自然法则，我懂得很多。我学习物理学，并使物理学研究成为我毕生的职业。这是一个令人敬畏的领域，是我生命激情之所在。如果你是一位物理学家，就会意识到自然法则是不会被干扰的。在令人惊异的数学精度上，牛顿定律解释了恒星、行星和卫星的引力仅仅因它们的质量而产生，绝不会被其他外部的物质所影响。可以得出的一个结论是：反重力是不可能的。即使把200年后爱因斯坦对牛顿定律的调整这个因素考虑在内，反重力依然是不可能的。反重力或者其他能想象到的中和地球引力的方法，都是完全不可能的。

但这仅仅是冰山一角，还有许多事情与自然法则是不相容的。的确，自然法则精确地指出了不可能实现的事情，甚至还定义了可能实现的事情的范围。否则会造成严重后果。请勇敢地面对以下这些事实吧！

■ 任何速度都不可能超过光速，永远不可能。

亲爱的胡夫特先生，您好！

您一定听说过费因伯格（Gerald Feinberg）提出的快子[①]理论，你也一定知道冈萨雷斯-梅斯特（Luis Gonzalez-Mestres）近期发表的论文。我正在为超光速机器进行一项全新的设计，真诚邀请您这样志同道合的先锋来投资我的发明。虽然目前它只是在论文层面，还没有真正地被建立起来，但是……

我最近一直收到这样的来信，那些上当的投资者们一定会血本无归。虽然在物理上大于光速的速度是存在的，但宇宙飞船永远不可能达到这种速度。考虑从灯塔中射出来的一束光，灯塔内的光源在不停地快速旋转。如果你离灯塔足够远，就会看到一个光点在以超光速[②]的速度旋转。但那并不重要，在那一束光上运送任何人都是不可能的。

■ 任何信息的传播都需要介质，例如声音、光或者甚至一张纸。无论选择什么介质，信息的传播速度都不可能超过光速。

---

① 译者注：快子，也称为超光速子，是一种假设的亚原子粒子，质量为负，速度超过光速。

② 译者注：天文学上有著名的“视超光速”现象。视超光速由英国天体物理学家马丁·里斯（Martin Rees）于1966预言，19世纪70年代早期在一些射电星系、类星体中被发现。目前大多数科学家相信这种现象是几何效应导致的，并不包含任何与相对论相违背的物理学。

灯塔中射出来的超光速光束,连一封信都不能运输。这一特性适用于所有已知的自然法则。这是一个基本原理,可以用来解释许多掌控我们存在的法则。

■ 能量可以转换为热量,但反过来,只有存在温度差才可以产生可用的能量。

一个类似的例子是"永动机",这是一种可以从"无"中产生动能的机器,当然这也是无稽之谈。能量不可能来源于热量,但是像蒸汽机所产生的温度差是可以用来产生大量能量的。永动机也是我收到的许多信件的主题,这些信件都在我桌子下面文件柜的最底层寿终正寝。

■ 不可能同时精确地测出一个微小粒子的位置和速度。要么是位置,要么是速度,只能二选一。

这条法则的数学公式,对于这本书而言过于复杂了。但海森伯不确定性原理非常重要,所以至少要提一下。这条法则会对我们可以对原子和粒子做些什么带来很多限制。

还有许多其他不可抗拒的自然法则,这里不再一一列举。

但现在是什么情况呢?科幻小说作者在鬼话连篇地编写他们的故事,我的纸质宇宙飞船也没怎么好好工作。难道除了用 NASA(美国国家航空航天局)的方式到月球旅行外,真的没有别的方式了吗?NASA 用的是一个可怕的"吞金兽",全身塞满了燃料,而且还没有我心爱的舱口小窗。

好吧，现在下这样的结论太过草率。自然法则允许另外一种飞跃到太空的方式，我将在第 15 章中解释。具体怎么实现呢？请允许我稍微卖一下关子。

那些超自然现象呢？关于它们不总是小道消息满天飞吗？我的立场(或许具有争议性)是它们之所以被称为超自然现象，是因为它们与自然法则不相容。如果依然有人认为这些现象有一定的可信度，那是因为他们并没有认真严肃地看待自然法则。这就很奇怪了，因为这些人日常生活中的很多便利都源于这些自然法则，像汽车、电视、中央供暖等，而在面对超自然现象时，他们竟然能对自然法则视而不见。

胡夫特先生，为什么你一直要这么冷漠和严厉？难道就不能对这些法则宽容一些？为什么不能允许一两个例外？这又不会伤害到任何人。

我也收到过许多这样的信件。我曾读到过一篇投给报纸的文稿，上面写道：“科学家们应该更加谦虚，在科学事实之外，还有很多其他真相。”这或许取决于你如何看待科学。然而决不允许那些另类的真理规避或淡化自然法则。

科幻小说作者完全无视自然法则的限制。这就是为什么我们可以读到这样的结尾：强大的激光束被用于从宇宙飞船到想象中的奇异星球表面的隐形传输。这些非凡的胡说八道只能让你从现实中逃离那么一小会儿。科幻小说作者在创作着令人赞叹的梦想，对于他们中的一些人而言，即使最不可接受的谬论，也还是不够疯狂的。

想去享受这样的阅读吗？那么请去吧，去阅读各种各样的科幻小说吧，去做梦吧。但是请记住，这是虚构的，它和科学毫无关系，甚至和未来的科学，或者生活在遥远星球上的外星人的科学，都没有任何关系。大部分的科幻小说作者会把物理学的精彩之处演绎成一种无人可辨识的模糊情境，只是为了让他们的故事情节看起来至少是高大上的。“把我传送上去，斯科特。”［电影《星际迷航》(*Star Trek*)中的标志性台词］当允许一个被宣判死刑的人讲出临终遗言时，他呼喊出这句话。然而，很显然斯科特并没有及时找到那个按钮。

极少部分科幻小说的作者尝试描绘稍具现实性的人类所能把握的未来。在《火星三部曲》中，罗宾逊（Kim Stanley Robinson）描述了他为什么相信人类会实现对火星的殖民。第一步，机器人将会被送往火星，为来自地球上的第一批殖民者建造房屋。第二步，选出由50名男性和50名女性组成的“百人先锋”。他们将在一个超级巨大的宇宙飞船里进行为期9个月的火星之旅。“百人先锋”代表了地球上所有的人群，他们中的每一个人都有自己的专长或特殊能力，其中有35个美国人、35个俄国人。

火星殖民地通过移民的不断涌入和本地人口的持续增长快速膨胀。人类遍布这个星球，它越来越像洛杉矶的郊区。只要经历过几代人之后，新居民就会成功地使火星上的空气变暖，同时维持生命所需要的最低氧气含量，直到有一天，人们再也不需要穿宇航服。这个概念被称作“外星环境地球化”，对于科幻梦想家而言，是一个珍贵的概念。

罗宾逊相信，外星环境地球化可以从建造风车着手，这些风车将风能转化为可以提升大气温度的热能。不客气地讲，这个想法非常天真。但是他的科学想法，并不像其他科幻小说作者的那样遥不可及。如果外星环境地球化是可能的，在火星这样的行星上，温度有显著变化之前，也是需要经历很多代人才可以实现的。只要想想我们地球的大气产生任何显著变化所需的时间，就会明白这一点。用建造风车的方法是不可能实现温度显著变化的，但可以利用温室气体来实现(稍后我会详细解释)。

罗宾逊认为的通过几拨移民可以快速实现对火星的殖民化，在我看来是不现实的。在未来很长一段时间，火星表面的空气依然太冷太薄，甚至有毒。罗宾逊虽然描绘了一幅很美的蓝图，但未来的火星居民必须生活在玻璃穹顶内或者地下。这一点稍后我将会深入论证。

有些所谓“严肃的研究者”，或者被称为未来学家的人，尝试以科学发现为基础预言未来。但是他们的论据令人难以信服，因为他们引用的科学基础是不明确的。

他们的论据往往很简单，我最近读到一篇这类科学文章："假如我们回到过去，就几个世纪前，去问当时的科学家，他们是否能想象我们现在的生活有汽车、飞机、电视、摩天大楼、互联网和数不尽的医学奇迹，他们会震惊不已。说 21 世纪的科学会以同样的方式震惊我们，这真的太过牵强吗？就像从马车到飞机的进步，与现在的交通工具相比，未来的交通工具难道不会有同样的进步吗？会，还是不会？"

这是某位未来学家关于科学论据的极限。当然，他可能咨询过物理学家、工程师和其他理解自然法则及懂得专业技术的专业人士。他们或许还会告诉他，未来什么样的进步是可以展望的，什么是不可以的。但是话说回来，物理学家在过去也曾错得那么离谱，难道不是吗？普朗克（Max Planck，德国著名物理学家，量子力学重要创始人，1918 年诺贝尔物理学奖获得者）的物理老师不是说过，物理学大厦已经全部建成了吗？在 19 世纪与 20 世纪之交，开尔文勋爵（Lord Kelvin）[①]曾赞叹过，物理学已至善至美，只是其中有两朵小小的乌云。然而就是这两朵小小的乌云引起了大风暴，它们是量子力学和相对论，是现代物理学的两大支柱。

这样孤立且令人不悦的评论持续缠绕着现在的科学家，结果，未来学家也就继续走着与这些会讲故事的科幻小说作者一样的道路。如果连霍金（Stephen Hawking）和萨根（Carl Sagan）这样的

---

① 译者注：英国数学家和物理学家，热力学温标发明人，被称为热力学之父。

名人，都用他们的翘曲空间来渲染科幻电影，地球上的这种状况又怎么可能会改观呢？ 还有克劳斯（Laurence Krauss），他的《〈星际迷航〉里的物理学》（*The Physics of the Star Trek*）这本书也有这种倾向。 一个头脑清醒、尊重物理学自然法则的物理学家，该怎样清楚地向大众解释科幻小说中许多所谓的“物理学”，或者至少其中的绝大部分只是幻想？ 人类永远不可能快于光，光速本身远远大于人类所能达到的速度。 传播速度也永远不可能大于光速，且超自然传播完全就是不可能的。

你不应该拿现代的科学水平与19世纪晚期进行对比。 在20世纪，科学与技术突飞猛进，所以，现在对未来的推测精度要远超一个多世纪前，即使是那时受人尊敬的科学家（如开尔文勋爵）做出的推测；而与19世纪一个物理学老师的推测做对比更不公平。 我曾问过一位科幻小说作者：“您明知道这与我们所了解的自然法则相违背，为什么还要这样写呢？”他回答说：“是的，我的确是知道的，但如果我照实写，我的书就会卖不出去。”确实如此，毫无疑问，我的书的销量会少于他的。

但是请不要误解，未来的物理学依然会出乎我们的意料，而且很可能会有巨大的技术进步。 这种可能性是本书讨论的焦点。 但是我们可以假设，目前我们所知道的所有自然法则都是精确的，或者至少非常接近真相，未来不会有大的偏差。 与大众的普遍认知相反，一个世纪前人类所了解的自然法则，到目前为止并没有被推翻。 当然会有一些细微的修正，比如说对牛顿定律所做的修正。

但大部分的牛顿定律是没有经过任何修正的，巍然屹立。 而大部分的修正之处都是牛顿没有研究过的现象，例如极高速现象。 现在只有那些还没有被识别的新现象可能会引起新法则的发现。 通过这些新现象，才能看到新应用的希望。 这些未开发的领域在 19 世纪更为多见。

然而，按照 19 世纪物理学家的预言，论述应该就此结束。 顺其自然吧，反正我的书你已经读到这里了。 但是作为一个物理学家，我为什么不可以去想象一下未来的可能，去想象那些尚未开垦的领域和尚未达到极限的技术？ 在遵守自然法则的前提下，什么样的白日梦是允许做的？ 物理学还远没有结束，纳米技术刚刚开始，许多有潜力的太空项目有待开发，人类用电脑进行交流也只有几十年时间，一切都还有很大的发展空间，我们一起来看一看未来可以走多远。

在下一章中，我会告诉你太空旅行中什么事情是可以期待的，什么事情是不可能的。 信息技术革命还需要提供什么？ 我们的社会会有什么样的重大变化，不会有什么样的变化？ 有时候物理学的枯燥可能会让你远离它，但只要有一点儿常识，就很容易理解这本书将要讲述的内容，希望它能带给你惊喜。 在真实物理学的范畴之内，我们依然可以把物理学自然法则约束下的梦想世界变为现实。

我所描绘的并不全是真实的预言。 总有一些与技术和物理没有太大关系的因素阻碍某些发明的应用。 比如说，未来雄伟的建筑足以抵挡恐怖袭击吗？ 本书在讲述未来的可能性时，不考虑这些方面的影响。 有时候会有一些经济的、政治的或道义上的争议限制某些发展。 比如说，从地球往其他星球转移生物。 这些非技术因素可能会限制一些美妙迷人的未来，稍后我会详细讲述。

有一些小细节可能会令你失望。 比如说，我坚信对太阳系外行星的探索将需要数万年时间。 这意味着，无论是你还是我，都无缘欣赏那些探险结果。 然而，在我们这个时代，还有许多其他有意思的事情可以憧憬。

这本书的重点是探索新发展与新想法，同时否定与我们所理解的物理学法则不相容的事情。 我本应该创造一个有趣而浪漫的科幻小说故事，里面有好人有坏人，有有趣的情节和许多相关的场面，在一次令人难以置信的死里逃生后，好人创造了神奇的幸福结局，或者类似的效果。 但是，这种创造性的写作不是我的特长，而且它会对我真正想告诉你的事情造成干扰。 你可以发挥自己的想象力，让这些故事里的女主角大胆地去那些人类还没有到过的地方。

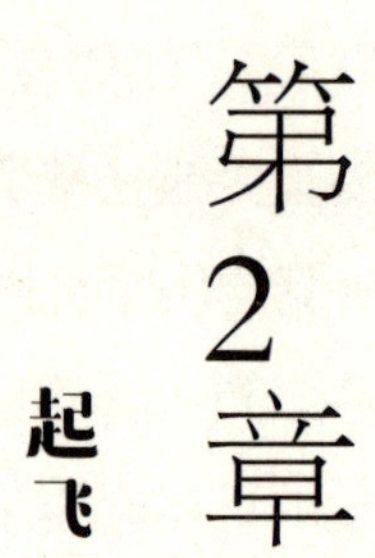

第2章 起飞

肯尼迪总统曾做出承诺，并遵守了他的诺言。十年之内，美国人登上了月球。那是1969年7月，我目不转睛地盯着电视，星际旅行现在在我们可触及的范围内。在那一刻，太空旅行越过各种合理的怀疑成为现实。其最大的阻碍是飞离地面，我们在电视上都看到了，很显然，升入太空需要一场巨大的烟花秀。

目前这些刚好属于硬科学的范畴。为了进入围绕地球的轨道，宇宙飞船必须极快地达到7.5千米/秒（27 000千米/时）的速度。如果火箭引擎可以产生5千米/秒（宇宙飞船速度的2/3）的喷射气流，那它就能最有效地达到这样的速度。唉，可是化学定律下一般无法达到这样快的速度。化学反应使气体分子达到的最大速度只有4千米/秒。

不过，遵循物理学定律，若通过燃烧燃料让宇宙飞船的质量减半，这样的速度还是可以达到的，只是增加的速度不会超过2千米/秒。空的燃料罐被丢弃，这个过程重复一次，宇宙飞船的质量就会随之减半，同时速度会增加1倍。进入地球轨道时宇宙飞船所剩的质量，也就是有效荷载质量，只是起飞时的一小部分。这也是为什么大部分进入轨道的发射都是分阶段进行的，就是常说的三级火箭。在任何情况下，我们都知道发射时的初始质量都远远大于进入地球轨道后的有效荷载质量。

那么，难道就不可以规避这个物理学定律吗？就没有别的方式可达到这样的速度吗？或许可以通过核燃料实现。核燃料可以产生更多的能量，生成更快的气流。但是，原子核裂变产生的能量是普通燃料的100万倍，这会引起一系列问题。若从地球表面起飞，需要大于地球引力的力量，就是需要约10米/秒^{2}的加速度。这就意味着外部气流一定足够强。然而，如果气流的速度远远超过5千米/秒，随之产生的能量将会是巨大的，如此就会带来一个无法解决的冷却问题。

是否能在宇宙飞船上装载一个核反应堆，从而有效地将能量转移到气流上？如果问题是让宇宙飞船脱离地球表面，这种方案也不是完全不可行的，但是目前所使用的化学引擎似乎是最简洁实用的。实际上，这种方法也被证明是最有效的。补充一句，发射宇宙飞船并使之在太空中维持高速运转，需要很多能量。不管使用什么样的技术，一艘宇宙飞船的运动都需要大量的能量来推动，从而能从地面一直上升到稳定的太空轨道中。在各种加速技术中，可以算出可用能量是如何被有效利用的，火箭引擎通常会被指责浪费了很多能量。当然，通过向下喷射大量气流从而推动本体，这种方法听起来不那么高效，但是，计算表明用这种方法浪费的能量是最少的。最高效的火箭能够控制其排放气体的速度，一开始以较低的速度排放气体，随着航程的前进而不断地加速。可以计算出，这样的火箭燃料利用率将近100%，所有随着排出气体释放的能量都会被转化为有效荷载的动能。如果使用排气速度固定为3千米/秒的引擎将一艘宇宙飞船发射到轨道上，那么一半的能量就注定会被浪费。在替代品缺失的情况下，这其实是可以接受的。稍后，我们会看看其他太空旅行的可能性，看看是否还有其他办法脱离地面和一艘宇宙飞船总共可以飞行多远。

另外，你一定注意到了，我使用了“千米”而不是“英里”，我还会使用“千克”和“厘米”，这些都是国际单位，是在科学中所使用的单位。遗憾的是，大部分的盎格鲁-撒克逊（Anglo-Saxon）世界还在继续使用英制单位：英里、英寸、磅、盎司，还有一大堆相互之间不可比的古老概念。或许你在购物或开车的时候喜欢用这些单位，但是科学上使用国际单位真的方便很多。1999年9月23号，一个称为“火星气候探测者号”的空间飞行器被发射到火星后，失去无线电波联络，然后人们很快得知这个造价为3.276亿美元的飞行器已经坠毁在火星上。事后的调查确定任务失败的原因是：“火星气候探测者号”上的飞行软件使用国际单位“牛顿”，而地面的电脑软件依然使用“磅”作为推力的单位，两者的不一致造成了飞船高度的误差，从而引起飞船坠毁。预期“火星气候探测者号”到达火星轨道后的高度是140千米～150千米，因为这个失误，实际的高度只有57千米。这个空间飞行器最终因高度过低在大气压和摩擦力的作用下坠毁。

我始终记得那次发射失败带来的失望感，那个空间飞行器本来可以成为火星附近一个美丽的瞭望台！那个还在用“磅”和“盎司”的家伙应该和“火星气候探测者号”一起坠毁在火星上！NASA最终的报告上列举了几百个可能导致失败的原因，但却忽视了那个最重要的因素——美国没有“国际单位化”！不管别人怎样，在这本书中，我都采用国际单位。以防万一你不了解详情，我把几个国际单位和英制单位的换算关系列举如下：1千米＝0.621英里，1米＝3.28英尺，1千克＝2.205磅，1牛顿的力就是使1千克的物体产生1米/秒^{2}加速度的力，或者是0.225磅的力。

第3章 物质内部

经过多年研究，Prtplwyszpo 教授终于实现了他的梦想，建造了一台收缩机。任何一个从一侧小门进入这个机器的人，从另一侧出来的时候，都会缩小约 10％。如果一个志愿者重复这个过程七次，他将会缩小到原始尺寸的一半以下。如果通过收缩机的次数足够，一个物体可以被缩小至任何想要的尺寸。上百个循环后，医疗团队便可以通过一个患者的鼻孔，进入到患者身体中任何有病症的区域，使用显微仪器进行革命性的手术。手术成功后，医疗团队再通过收缩机进行反向放大同样的次数，便可以使身体恢复到原来的大小。

如果真的如此，世界将会是多么美妙啊！然而，收缩之后，医疗团队体内的原子与分子会有什么样的变化？它们也会随之收缩吗？或者其中一部分会消失？在后者的情况下，人体内细胞的细胞核会出现不可修复的损坏，人体便会瞬间死亡。人体内的每一个细胞都含有被称为DNA（脱氧核糖核酸）的分子，这些DNA分子控制着细胞的功能。DNA分子中的每一个原子都至关重要，如果移除10%，人将瞬间毙命。你可能还会发现科幻小说中其他错误的假设，收缩机是一个很好的想法，但显然不具备可实现性。关于微小事物的世界，我们到底又知道些什么呢？

用微小的仪器来研究微小的世界，这听起来是合理的。昆虫是不是比人类更能清楚地观察其他昆虫？它们的小眼睛，是不是可以进行更近距离更清楚的观察？如果你有这样的想法，那么就请再去想想。人类的眼睛是非常敏感的"仪器"，只要有光便可以观察世界。这个基本规律是，探测器的体积越大，其效能便越好。实际上，大一点儿的眼睛更容易发现小事物的奥秘。我们的眼睛比昆虫的大，所以我们能比昆虫更清楚地观察它们的世界。一只苍蝇径直撞上玻璃是因为它看不到灰尘或者玻璃的反射光。同样的道理，鲸鱼的听力好于人类的听力。所以，凡是涉及视觉或听觉等感观功能的，对效率起主导作用的就是探测器的大小。这样看来一些动物在进化过程中尽量变大也就不足为奇了。

所以，为了观测物质的最小粒子，我们需要巨大的仪器。一个坐落于瑞士日内瓦近郊，名为CERN（Conseil Européen pour la Recherche Nucléaire）的实验室，是由欧洲许多国家合作建造的，它的全称是欧洲核子研究组织[①]。这个实验室研究的粒子变得越来越小，更精确地应该称之为亚原子核。实验室里有一个大的环形隧道，一半在瑞士，一半在法国，总长超过25千米。在这个隧道里，粒子从相反的方向被加速到极大的速度后相撞。产生的能量被记录在许多仪器上，这些仪器的大小从一辆卡车到一座房子那么大不等，每秒记录的次数有数百万。这种方式已经被证明是研究极小物质属性最有效的方式。

这种研究被称为高能物理，因为需要给粒子注入最大的能量以展示它们最小的细节，如果想精确地测量到粒子的位置，就必须先让它们达到一个非常高的速度。这一点与海森伯不确定性原理直接相关，我们已在第1章提到：不可能同时精确地测量到一个粒子的速度和位置。科学理论表明，测量研究小的尺度需要极高的速度。

和CERN一样，世界上还有其他几个实验室做着相似的研究，它们分别位于美国、德国和日本。这些研究使人们对物质的成分有了令人振奋的新见解。

所有的物质，包括我们自己，都由称作分子的粒子组成。每一个分子都由称作原子的单元组成。每一个原子都由一个非常小的原

---

① 译者注：欧洲核子研究组织是世界上最大的粒子物理学实验室。缩写词CERN在法语里原本代表欧洲核子研究理事会(Conseil Européen pour la Recherche Nucléaire)，是1952年由11个欧洲政府为实验室临时设定的理事会。临时理事会被解散后，实验室在1954年更名为欧洲核子研究组织(Organisation Européen pour la Recherche Nucléaire)，但缩略词仍然被保留。

子核和环绕原子核的核外电子组成。在常态环境下，原子稳固如不可改变的玻璃球。但是，多个原子可以通过重新排列来组成不同的分子，外部的电子决定原子之间是结合还是分离，化学正是建立在这个原则之上的。这样的重新排列过程或许会产生能量，并且通常以热能的形式产生能量，比如说燃烧过程。原子也会吸收能量，例如在光合作用的过程中，植物在可见光的照射下，会将二氧化碳、水和矿物质转化为存储着能量的有机物。

一方面，我们已经能够确定，电子极其小，以至于在数学意义上表现出来的只是一个“点”。简单地说，实际上我们还不能确定电子的空间结构。但是，它们周边的空间有一些扭曲或极化，而这种扭曲或极化可以被精确地测量，所以从这个角度而言，电子又的确存在空间结构。

另一方面，一个原子核有更丰富的空间结构，因为它由两类不同的粒子组成，即质子与中子，并且它们又由被称作介子的粒子结合在一起。质子和中子只有通过核反应才能重组为不同的原子核。这个过程中涉及的能量比化学反应产生的能量多很多，有时甚至超出百万倍，这就是我们所说的核能。只有通过核反应，一种原子才有可能变为另一种原子。

发现能够释放巨大能量的核反应，是物理学历史上最重要的突破之一，对社会的发展有着巨大的影响。虽然，因为一些潜在的危险，核物理遭到了公众的强烈反对，但仍然可以积极地用它来解决一些社会问题，这在第8章将会详细阐述。

质子和中子也并不是一成不变的，每一个质子和中子包含三个夸克，由称作胶子的粒子耦合在一起。把质子和中子结合在一起的介子，由一个夸克和一个反夸克组成。和电子一样，夸克和胶子都是“点”状的。另外，还有各种奇异夸克和奇异电子变化态，但它们很稀少，且存在时间很短暂。夸克的重组需要的能量比核反应所需要的能量更多！

还有其他种类的物质粒子，比如说中微子。它极不活跃，几乎没有质量，且极难被探测到，但用我们的巨大仪器，已经探测到了它。另外还有暗物质，除了通过它和可见物质之间存在的引力知道它的存在以外，我们对它一无所知。组成暗物质的粒子无疑将不同于我们今天所了解的那些粒子。

我即将要对“微小世界”进行总结了，那我为什么要告诉你这一切呢？嗯，我经常被问到，用这点儿科学，我们到底能做些什么？我们能使用夸克和电子产生能量吗？有夸克计算机吗？科幻故事依赖于这些想法，可惜现实更为理智与真实。可以想象，会有全新的科学发现，比如说一类可以作为核反应催化剂的基本粒子，它们产生的能量比核反应产生的能量更多。目前这可能被认为是不可能的，但我们所了解的物理学却告诉我们原则上这是可能的。所谓的“磁单极子”可能就是这样一种粒子。关于这种粒子的讨论已超出本书的范畴，但在这种粒子的帮助下，所有的物质都可能被转化为能量，而并不是像我们熟知的核反应中仅仅一小部分物质可以转化为能量。但是，我们并没有确切的证据证明这种粒子的存在，更不用说有能力创造它。很大的可能性是，这永远无法实现，但谁又知道呢？

基本粒子的特性只有在用很大的力量让它们对撞时才能测定。这个过程需要巨大的能量，也会流失许多能量。所以，研究夸克和胶子的仪器通常会吸收巨大的能量。当你对这些粒子的特性产生研究兴趣的时候，这些都不会是问题；相反地，这些粒子会引发美妙的挑战。但这并不能使它们具有很高的实用价值，比如说夸克计算机。相反，更为重要和必要的是，我们应当拿这个课题与对遥远的恒星与星系的研究做对比，从而加深我们对宇宙及我们在宇宙中所处位置的理解。对于这个话题，稍后会有更详细的探讨。

那什么是可实现的？我们可以制造极小的装置吗？计算机元件？机器人？探测器？到底可以有多小呢？实际上，极小装置的极限在原子级别。原子可以通过复杂的化学反应为我们工作。实际上，在每一个化工厂，它们已经在工作了。其最精彩之处就在于，当你把它们放在一起，你弄清了有多少个原子存在并且发生了怎样复杂的相互作用之时。当你意识到这些原子有多小，也就不难想象还有多少空间有待发现。我们不需要夸克，把我们对未来的梦想构建在原子层面更为现实。

原子世界的复杂性在日常生活中表现得非常明显，比如说它们的用处之一——可参与各种复杂的化学反应。 所有的生命都基于它们，任何活体器官的组成和功能信息都存储在螺旋状 DNA 分子中，身体细胞可以即时访问到这些信息，就像它们是先进的超级计算机。 当生物化学这样的学科想去记录存储在 DNA 分子中的信息，或者想去揭示每个活细胞中的计算机如何运作时，也只是触及了这个领域的表面。

理想中，我们可以分析物体，并对它进行原子级的构建或重构。 但是目前我们还远没有能力做这样的事情。 在这个话题上，我不想轻易否决什么，我们还有很长的路要走，而且一定会听到更多与这个话题相关的声音。

第4章 计算机

20 世纪 80 年代早期，作为一个物理学家，我被连接到一个计算机网络，通过这个网络，我可以给全世界各地的同行们发送消息。有时候甚至只需要半小时我就收到了回复！ 这是一个多大的特权啊，而且又那么实用，真是太棒了！ “电子邮件”融合了电话和信件的优点，传播速度与电话近乎相同，而传播的内容又可以做到信件那样具体和精确，并且不会打扰收件人，他可以在任何方便的时候读取。 如果只有一部分人知道这件事会怎样呢？ 事实上，在那个年代，也只有物理学家们听说过“电子邮件”。

社会已然变化，过去几十年信息革命给社会带来了深刻而显著的发展。 不久之前，电话、广播和电视带来了通信领域革命性的转折，现在又出现了个人电脑，还有智能手机。 大众已经体会到了拥有一台个人电脑的便利。 从 1998 年到 2002 年，互联网站点从 300

万个增长到 9 亿个，同时个人电脑的计算能力也有了巨大的提升。这是因为计算机芯片上的晶体管数量每 18 个月就会增加到原来的 2 倍。这个规律被英特尔的创始人之一摩尔（Gorden Moore）注意到并提出，所以被称为“摩尔定律”①，它在今天依然有效，不过通常认为晶体管数量增加到原来的 2 倍的时间更接近 18 到 24 个月。

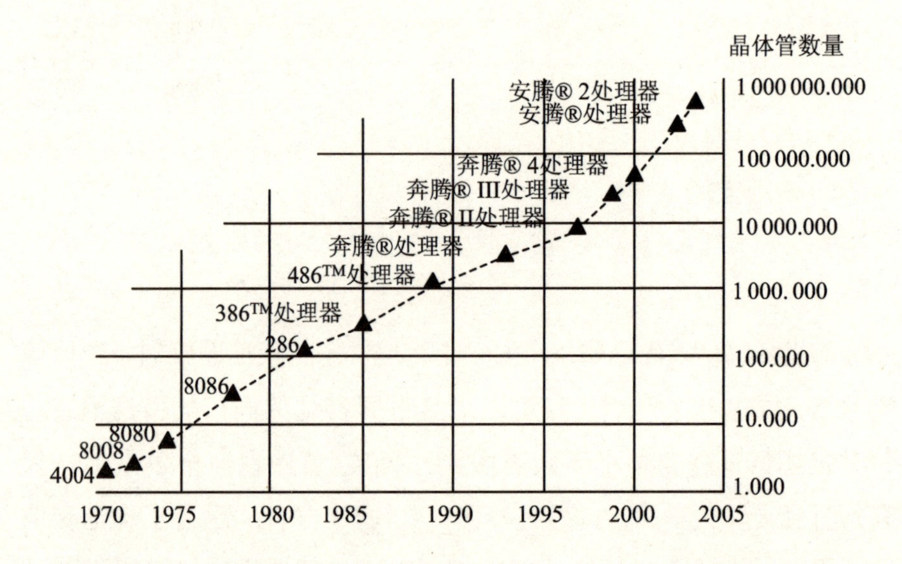

摩尔定律，在过去的 35 年里，平均每 21.5 个月一个芯片上晶体管的数量就增加到原来的 2 倍。

这仅仅是信息革命的开始，我们可以有更多的期待。当我们能制造更小、更廉价的电子器件时，信息的传输与存储便会更高效，这会在相关领域的各个方面引起反响。

① 译者注：摩尔定律，由英特尔的创始人之一摩尔提出，其内容为：当价格不变时，芯片上所能容纳的晶体管数量，每隔 18 到 24 个月便会增加到原来的 2 倍，性能也会提升 1 倍。这一定律预言了信息技术进步的速度。

再比如说摄影，就在十几年前，我们还需要使用胶片，在看到照片之前需要等待大约一周的照片冲洗时间。现在，不仅相机可以提供即时的数字照片，你还可以在手机上制作照片甚至视频。这都归功于单个芯片存储容量的提升。20年前，摄像机还是一个很笨重的设备，而如今它嵌在你的手机里，大小并不比一张信用卡大。交通工具里也嵌入了越来越多的计算机设备。玩具里也有电子器件，电脑游戏流行于所有的年龄段，并且以惊人的速度更新换代。每天的新闻或其他信息可以瞬间传递给我们。电视节目也不再是家里必须有一台固定的电视机才可以看，手机上也可以看到。

我们看着今天发生的这一切，但对于我们大多数人而言，未来很难预测。下一幕会是什么？运动、声音、温度和气味传感器会更小更便宜，那它们会被用到什么地方呢？房屋的主人可能会想把他们的房屋变得更具“生命力”，不仅可以知道是否有人在家，还可以提前知道有人将会到家，以便自动地调节温度，打开或关闭灯光，甚至提前准备好咖啡。当然，当有陌生人闯入时，房屋传感器也会感知到并在恰当的时候报警。房间里所有的贵重物品也都装有芯片，用来告知房屋主人它们的行踪。像牙刷、厨房用品这样小的物件，也会装上含有使用说明的芯片，这样它们就会自己完成大部分你想要做的事情，甚至都不用你自己开口。

这一切将带我们走向何方，又会在哪里结束呢？我暂时还没看到极限，世界将会经历更加剧烈的变化。当我在写这本书的时候，大部分的计算机已具有数百兆的存储容量，而且只是在几平方厘米的芯片上。在芯片的表面，每平方微米就有几十个基本存储单元。微米是长度单位：1 微米为 1 米的 1/1 000 000，或者为 1 毫米的 1/1 000。1 微米^2 上存储单元的数量极限目前是由光的波长所决定的，后面我会对其进行解释。

电脑上所有的芯片都由半导体材料制成，例如硅。半导体是这样一种物质：当它们的纯度很高时，导电能力非常弱。如果一种不同类型的原子被加入这些纯净的材料中，那么纯净材料中电子的数量和它们应当占据的位置就会不匹配。这时，就会产生松散地附在原子上的“多余”电子，这些电子具有很好的导电能力。

若加入其他类型的原子，电子原本所在的位置就会产生空穴。就像自由电子一样，这些空穴的移动性非常好，所以这类物质的导电性变得很好。通过控制自由电子离开空穴的速度与方向，可以使物质产生具有不同电子性质的区域。人们可以通过给这些区域设置不同形状的复杂微观赛道来制造不同的电子设备。在实践中，这是怎么实现的呢?

诀窍就是反方向使用显微镜，理想的模型图像会非常清晰地投影到硅片或其他半导体材料上。然后，对光敏感的化学物质（化学感光材料）会被使用，这被称为“蚀刻”。借助蚀刻技术，用布线等方法来形成存储单元。挑战在于要使这些存储单元尽可能小且高效。成像过程中使用光束，目前的限制因素就是在蚀刻技术中所使用的光束的波长。

物理学家已经发现了紫外线的优点，它的波长比可见光短很多，只有 1/10 微米。 这看起来是光学方法的极限。 如果光波太短，就没有什么材料可以用来制作聚焦光线的光学透镜。 迟早有一天，会有让存储元件更小、具有更大存储能力和更快处理速度的需求，那时候光学方法必然会被淘汰。 那么我们可以走得更远吗? 存储元件可以更小吗?

1959 年 12 月，美国理论物理学家费恩曼（Richard Feynman）曾在加州理工学院为美国物理学会做了一个讲座，题目是“微观世界还有无限的空间”。 费恩曼先生认为，如果可以生产只有几个原子大小的存储单元，那就有可能存储海量信息。 他还大胆设想了如果可以按照自己所想制造出尽可能小的物体，如果可以在原子尺度上控制物质，那么我们可以实现什么。 通过他的讲座，我发现他的预见性远超同时代的人。 目前电脑上所使用的芯片已经是由非常小的存储单元组成的了，但是还并没有达到费恩曼先生所设想的程度。

人类依靠光线来看事物。 眼睛像镜头一样，对观察大的东西来说是有用的，但却不能看到微观级和亚微观级的对象。 昆虫证明了我们的观点，它们有非常小的眼睛，所以视力就不太好。 不过，它们有附加的感觉器官，比如说触须，可以用来探测周围的环境。 更小的生物有刚毛和刺毛，它们对化学物质异常敏感，但它们没有眼睛，或者即使有，视力也非常差。

科学家们也发现了这一点。一种基于触觉的显微镜即扫描隧道显微镜已经面世。它以一个非常尖锐的探针接近要研究的物体，通过一个电路探测是否有电子从探针跳到物体或者从物体跳到探针，来确保探针距物体不会太近。这便是“隧道效应”。按照经典力学的说法，探针和物体之间的势垒太高，使电子无法穿过；但是量子力学却认为电子有可能穿过势垒，就像电子在势垒中间挖了一个小小的隧道。这个过程中所产生的电流强度取决于探针与物体之间的距离，距离越小，电流越强。用这项技术，我们可以拍摄到极其清晰的照片，这种方法正是小昆虫感触世界的方法。

即使是单个原子也可以通过这个方法观测到。同时探针可用来从物质表面抓取并移动原子。这样就有可能在原子量级上创造事物，包括电脑芯片。局限性在于针尖的尖锐程度。目前针尖大小已经可以达到原子级，这是光学图像的 1/1 000。这项技术在实验室中已被掌握，早在 1990 年，IBM 的科学家就成功地用元素氙的原子排列出 IBM 的标志。那么，为什么没有用这项技术制造电脑芯片呢?

这当然是有原因的，否则这项技术早就进行大规模应用了。原因就是上面所描述的探测方法要花费比光学方法多许多倍的时间。用光学方法，图像可以一次性完成，用隧道探测方法，图像需要逐点完成。在芯片制造业中，时间就是金钱。时间是如此重要，为了节约时间换取经济效益，厂商会购买各种昂贵的光学机器。我曾经了解到，一台新的光学机器由多个巨大的石英透镜组成，通过锋利的紫外线进行投影蚀刻，用以处理一整个直径 30 厘米的硅片，而只能处理直径 20 厘米硅片的老机器立即被淘汰，因为新机器每分钟可以生产更多的芯片。 这便是对生产商而言最重要的事情！ 所以，忘记隧道探测方法吧，虽然它可以生产速度更快的电脑芯片，但代价太高！

但是，就没有基于隧道探测的另外一种更高效的方法了吗？ 我想，一定有！ 我想到的方法是，芯片组装机的中心元件像一个带着原子尺度梳齿的梳子，每一个独立的梳齿都由电控制。 每种所需要的材料都散布在一片硅晶体上，就像黄油散布在吐司上。 现在，光学蚀刻生产一个芯片的平均时长不少于 10 秒，我的梳子可以同样快。 或许，这把梳子还可以由许多“洞”组成，紫外线、原子束或电子束通过这些洞射出，而洞的开关由电控制。 我不知道这种生产方式的可行性有多大，但是我在这里想表达的是制造经济、高效芯片的理论限制可以进一步移除，这也是使我们未来的计算机运算速度会更快、能力会更强大的推测变得合理的证据。 至少在最近一段时间里，摩尔定律将会继续有效。 光学蚀刻方法无疑会令人生厌，但是找到替代方法还需要时间。 这或许可以解释，为什么最近总听到这样的抱怨，说新出的电脑都没有什么大的改进，没有更快也没有更强大，好像摩尔定律已经失效了一样。

或许更具革新性的信息存储方式将会被发明出来。 回想一下费恩曼的预言，或许我们可以制造极其微小的硬盘，在一张硅片上有几千个微小硬盘，信息可以通过原子级精度的显微探针添加或读取。显微探针在硬盘上移动单个原子或分子，就像你的手指在沙盒里画画一样。一个原子上的存储单元多于一个或许是不可能的，但我们可以接近这个极限。现实的极限已经被推进到每平方微米有几亿比特存储单元，或是一个芯片上有数百亿个存储单元。我并不确定我的微型硬盘是否真的可以制造出来。在移动这些小尺度物体的一部分时，可能会有些基本的阻碍，比如说不稳定、磨损或者是摩擦，但是我认为，原则上原子尺度的边界是可以达到的。

人类才刚刚开始探索这类概念，我们缺少的仅是经验。但是，我完全相信人类的创造力，未来会有更多聪明的想法支持我们把每一个可能的机会发挥到极致。现在已经不是1959年了，世界上有许多实验室在研究纳米物理学，也有很多科学家全身心地投入这个领域中。对单个原子或小原子团进行研究的科学称为纳米科学。1纳米为1微米的1/1 000，相当于10个氢原子的直径。

纳米科学让我们对未来充满期待。比如说，现在的电脑硬盘就像留声机的唱片，当电脑关机时它要存储所需要存储的所有数据。我相信在可预见的未来这种硬盘会消失，取而代之的将会是微型存储元件，在电源关闭时依然可以存储信息。它或许是我们前面所提到的微型硬盘，或许是完全不同的设备。与现在相比，启动计算机和某些程序所需要的时间将会大大减少，计算机会因此更为节能。永久性存储元件已经被用在手机等设备中，在电脑中的广泛使用也只是时间问题。

下面将会描述我们所设想的原子尺度的机器组件。如果你将它们与我们现在所使用的工具相比，后者就好像来自遥远的石器时代。我们可以想象各种应用都不再占用什么空间，也几乎没有质量，但是却快到让人难以置信，比如说传感器和测量仪器。我们可以把各种工具的移动组件都装上这类传感器，这样任何故障都会立即被追踪到，报警系统也会更加具体明确，借此我们可以确定引发警报的原因，还可以非常详细地报告现场情形。

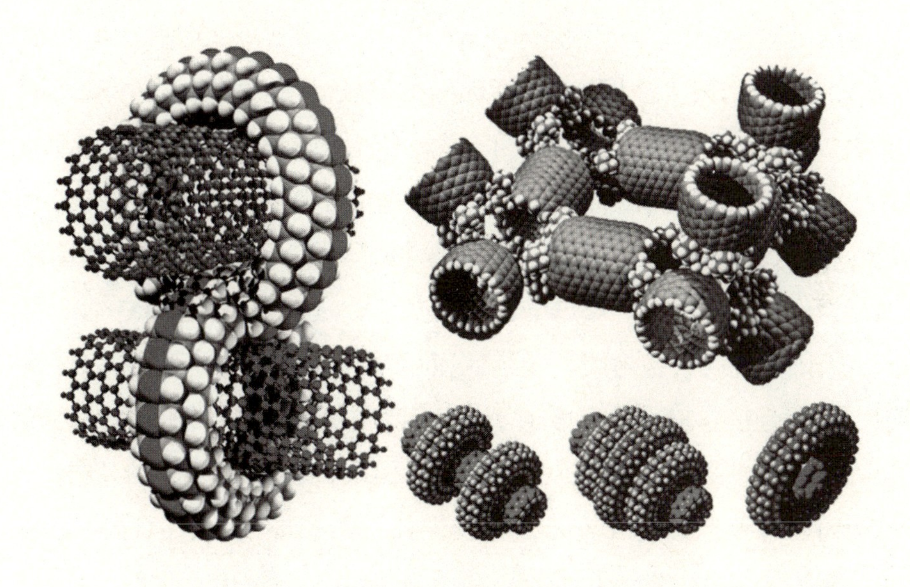

几种纳米结构、连接器和原子层叠（见彩色插页）

原子尺度的仪器可以用于所有你能想象到的地方，尤其是医学领域。远程控制的机器人可以被送到人体的任意部位去治疗疾病。以这种方式，我们的确又可以实现收缩机的梦想，不过不是收缩我们自己，而是机器人。退一步说，随动式机器人还可以黏附在含有药物的胶囊上，随胶囊一起进入人体，在几周甚至几年中确保药物按照正确的剂量被人体吸收。 更多关于机器人与远程控制的内容参见第 6 章、第 12 章和第 13 章。

超微型电脑的普及只是时间问题。 试想一下，只有几厘米或几毫米大小的机器将会被大量生产，因而也会非常便宜。 它们会用于所有的物件中，包括家用电器、汽车、牙刷、自行车等，还有那些需要锁起来以防被盗的东西。

请记住，摩尔定律预言了指数级的增长。 据经验，这种增长不会永久持续，它终将会结束，但是在什么时候，又是在哪儿结束呢？ 一个芯片上的元件真的可以变得像原子团那样小吗？ 在这个过程中，我们很可能会遇到一些基础性的问题。 每一个计算机元件执行操作都需要能量，反过来也产生热量。 这些热量必须立刻处理掉，否则芯片就会被熔毁。 因热量而产生的电子随机运动会引起麻烦，尤其是在非常小的尺度上。 这就意味着，如果 0 和 1 之间的转换需要的能量太少，那么热波动就有可能自发地引起这样的转换。这有可能导致电脑出现故障，而我们并不希望如此，所以这将会是一个限制。

在费恩曼的演讲中，还有一些别的内容。 他认为，有可能创造一种信息单元的三维箱，而不是像我们现在的电脑芯片一样将信息散布在一个平面上。 如果可以把一比特的信息存储在 100×100×100（个）原子所组成的箱子里，那么人类迄今所积累的所有知识都可以存储在一个不比一粒灰尘大的小包裹里，因此电脑存储能力的根本限制是每单位体积内的原子数。其实，有可能让信息的存储空间非常小这件事已经被证实过了，在生物 DNA 分子中，包含其身体所有遗传特征的完整词典，而一部完整词典只占据每个活细胞的一小部分。

换句话说，电子产品还远没有达到理论极限，绝对没有。存储元件有潜力存储比现在多数百万比特的信息。计算机的速度也会有质的提升。虽然由此而产生的热量是一个显著问题，但仍有很大的提升空间。

严格地说，电子学的理论边界并没有明确的界定，因为还有一些别的情况。在原子层面，所有的进程遵循量子力学的动态规则，这会引起各种连锁反应。比如说，电子的运动会更加不规则，有可能穿过它们不应该穿过的壁垒。量子力学非常特别，我们或许可以从这些连锁反应中获利。“量子计算机”便是一个在理论上可以想象的设备，其中的一个计算单元可以同时进行无限次的计算。这个设备的可行性并不需要复杂的技术论证便可以被证明。量子力学现象会产生一种非常难以通过公式进行计算的情形。但这种情形有可能对我们有益。通过使用量子计算机，我们可以创造一种排列，而这种排列被认为是一个复杂的“量子过程”的初始状态。我们知道这一过程的方程式，并以此挑选我们想要进行的复杂计算所对应的排列，自然会以最小的能量消耗快速地完成我们想要的计算。

虽然有支持者声明量子计算机的理论原则已经被证明是可行的，但到目前为止，我们还没能制造出量子计算机。现实的障碍能否被克服也依然是存疑的。实际上，即使现实的障碍已被克服，一台量子计算机所能进行的计算也是非常有限的，量子计算机能够做的典型事情之一便是破解密码，这是因为量子计算机会非常善于寻找一个复杂数字，而这个数字是一个非常复杂的方程式的解。

未来计算机的"大脑"不会比一个针尖大，但其智力却远超出我们现在对计算机的期待。计算机也将会变得更加强大！话虽这样说，恐怕软件制造商依然会想出各种无用的功能来用掉额外的计算能力，所以电脑的启动和关闭依然会不必要地消耗我们许多的宝贵时间。毕竟，一贯如此。

各类信息变得越来越廉价。我们可以看到的一种趋势便是给几乎所有的家用消费品装上计时器，现在时间已经很容易精确测得，那么装一个计时器何尝不可？我们的车和房子会被装上探测器，之前的很多担心都会变得多余。比如说，灯是不是忘记关了？刹车灯能不能正常工作？车是不是该检修了？还可以往后倒 10 厘米吗？调温器上设定的温度正确吗？有谁闯入我家了吗？现在看来，GPS（全球定位系统）设备还是一种奢侈品，但未来某一天，它将会变得很普遍，其他许多设备也是这样。或许并不是因为我们真的有多么需要它们，而只是因为它们太便宜了，比如说在面对拥堵的交通时，如果车载探测器告诉我们有另外一条更畅通的路，我们便不会再把自己堵进去。那些还没有装红外传感器的车辆对其他车辆而言便是一种危险，因为大部分的车辆都已经安装了红外传感器，在雾天行驶时，就不再有减速慢行的理由。

另外一个获得新进展的例子便是数码照相，它已经在市场上取得了统治地位。胶卷，这种有待发展的老方式，已经被历史束之高阁。我们不再需要打印照片，取而代之的是在电脑屏幕上浏览照片。

甚至那些致力太空旅行的人也没有预见到这样的发展，格林伯格（Richard Greenberg）曾在他的《欧罗巴：一颗海洋卫星》（*Europa：the Ocean Moon*）这本书中提到这些。"伽利略号"[①]木星探测器于1989年发射升空，比原计划的1982年晚了7年，而其搭载的拍摄技术其实在1982年就已经过时。最后决定让它从木星发回地球的照片不超过10万张。原因是，亨特兄弟正在试图通过买断全世界所有的白银来获得对贵金属的垄断地位[②]，所以银的高昂价格必须纳入成本考虑[③]。每张照片都至少需要几个副本，以供科研人员使用，但是高昂的白银价格会导致严重的预算超支，这有违当时的期望。

---

① 译者注：1989年8月18日，"伽利略号"木星探测器由"阿特兰蒂斯号"航天飞机送入轨道，是美国航空航天局第一个探测木星的专用航天器。"伽利略木星探测计划"始于1978年，原计划于1982年1月发射，后因经费不足、飞行设计修改、航天飞机发射失败等原因先后9次变动计划。

② 译者注：亨特兄弟在20世纪70年代末80年代初疯狂地投机白银，控制了美国期货市场中超过1/2的期货合约，而且还持有1.2亿盎司（1盎司≈28.35克）的白银现货，把白银的价格从2美元/盎司抬高到50.35美元/盎司。

③ 译者注：在传统的照片冲洗技术中，白银是所用化学药水的重要组成部分。

然而，在 1995 年这架空间探测器到达木星之时，照片已经可以通过电子邮件发送给科研人员了，他们可以在电脑上进行浏览。科学家们很遗憾地承认，他们并没有预见到光学和电子学会同步发展得如此之快。关于这个话题的更多内容，稍后我会再做介绍。

摩尔定律是指数型的，所以毫无疑问将来有一天它会失效。我猜想实现翻倍的时间随着时间的推移可能会变长，会从 2 年变为 4 年，再从 4 年变为 8 年，以此类推。对存储空间的需求也会随着时间越来越小。我非常好奇当人们意识到我们所用的产品不能再得到改进时会有什么样的反应，但我并不知道这种情况会在什么时候发生。依在原子级别可能实现的事情来看，摩尔定律的作用或许可以再持续 60 年。

同时，通信成本也变得越来越低。我对手机的快速发展感到非常吃惊，让我感到更惊讶的是这并没有导致更大的技术问题。你会看到许多人同时在同一地点拨打电话，很显然带宽是足够的，因为你从未经历过通信拥堵。有线电视公司正在互相追赶着提供越来越多的电视频道，光纤能够处理巨大的数据流，同时还有越来越多的信息通过无线网络传递。在我们的桌面和周围，难看的线缆很快就会变得过时。

物理学家正在研究一些关于互联网的新东西。在“WWW（world wide web）”之后将会有一个“WWG（world wide grid）”，这是一个新的计算机网络，能够超快速地传送大型文件。

这样的话，一些大的科学研究项目的某些模块，就可以快速地分派给全球各地的研究人员，比如说大规模的天气预报。 还有一些别的科学领域也需要巨量的数据传输，比如说天文学和粒子物理学。 另外，还有很多日常应用，比如说医院经常给病人做核磁共振检查，而 WWG 可以将核磁共振产生的大量数据频繁而快速地从一个医院发送到另一个医院。

第5章 纸

信息革命才刚刚开始，未来还有很长远的发展，而发展的主题大多都是可确切推测出的。许多产品将会增添更为精密的控制系统，所以工具将会更加清洁、安全、高效。一个很好的例子就是电视和计算机的屏幕。

前些年，人们写信、读书、看报、看杂志，这些都会用到纸。印刷变得如此简单，我们的用纸量也达到了空前的程度。为什么不用显示屏呢？这里有几个原因。其一，软件程序给我们的感觉一直不太友好，在我写这本书的过程中，仿佛一直在跟难用的文字编辑器战斗，它的帮助文件毫无用途，总是超级长而不具有可读性和可操作性，无法很好地帮助我解决问题。软件制造商为程序添加了各种各样的功能，但是对于一些功能我完全无法理解该怎么使用，所以我选择放弃。然而，这仅仅是冰山一角。在几乎所有的软件中都有这种令人难以理解的对用户不友好的内容。道路漫长，需要做的工作还有很多。

首先，请允许我给软件制造商提一个建议：请永远不要让程序的设计者来写用户手册、FAQ（常见问题解答）或帮助文件！他们永远不会意识到让一个业余用户必须忍受这个问题的糟糕程度或本质，何况是为解决一个小问题而让用户先去记住30多页的用户手册。新产品外包装上经常会这样写："亲爱的顾客，在您使用前，请仔细阅读用户使用手册。"我们的回答当然会是："亲爱的制造商，那可是30多页啊，我才不会去读！"哎呀，真是令人惊奇，第一个问题立即出现在了我的面前。其实，我不必告诉你这些，因为我确信你自己一定经历过！然而，我期待在不远的未来，家用电器再也不需要纸质用户手册。如果有操作错误或者不懂的地方，用户只需要按一下开关，一段短而清楚的文字或者一个友好的声音就会来帮助你。尽管我不知道制造商们是否愿意致力开发这种功能，但这至少是我在比较乐观时的一种希望。然而，我能确定的是，从技术上而言，这很容易实现。

那么，请问我们为什么还继续使用这么多纸？好吧，我们现在的显示屏笨拙、粗大、慢且不聚焦，所以在睡觉之前你并不会真的把电脑带到床上来快速浏览一些内容。另外，也不能让我们像在读杂志时那样翻动书页，圈出有意思的地方，进行填字游戏，或者撕下一个广告。此外，在不同灯光环境下，显示屏经常会显得不是太亮就是太暗。

现在，请想象一下显示屏不仅是平的，而且比一本书还要轻，拥有更清晰的成像，内置可以基于周围环境瞬间自动调整亮度的照明功能。 而且，它比一本书更便捷，比如说可以更简单快捷地找到你想要找的页码。 我们完全可以想象到，纸张将会变得多余，并不是因为我们想要摆脱纸张，而是因为我们发现了一个更为便捷的媒介。

但是到目前为止，情况却是相反的：虽然显示屏得到不断改进，但还是有很多的纸用于打印和复印。 纸张是令人感到熟悉和愉悦的，且易于使用，但它是一种只能使用一次就要被丢弃的媒介，又贵又浪费！

也许未来有一天，我们认为纸用起来并不方便。 到那个时候，我们就不会再买报纸，而是从网上直接浏览新闻和读书，因为我们会问，为什么要去买这种又重又占地方又破坏我们森林的媒介呢？只要下载书籍比浏览当地的书店更加简单有趣，报纸每天早上都会下载到你的显示器上，而且比老式纸张更易阅读，那么这种情况就一定会发生。 在我写作的当下，这并非事实。

目前显示屏正在越来越多地深入我们的家庭与办公室。 大而多彩的显示屏变得便宜、高效，而且无所不在。 微型显示器将用于装置我们的厨房用品，而我们的车内也到处都是显示屏。 你能想象一个没有这种屏幕的世界吗？

实际上，我想象得到，也许传统的显示器将会被更为便捷和经济的其他东西取代。比如说高科技的穿戴式眼镜，它与电脑相连接，对于那些想躺在床上读书的人而言非常便捷，轻便易戴又节能。但是这里同样需要指出的是，只有在眼镜设计得比显示器和印刷纸张更友好的情况下这种情况才有可能发生。你也许会问，穿戴式眼镜将如何工作？其实，现在已经有了它的一些原型，例如类似于小而轻便的歌剧用望远镜，它拥有两个独立的镜头，每只眼睛一个，聚焦在小屏幕上。未来，每个屏幕有可能被独立控制，这样便有可能产生炫酷的 3D 效果。它也许依然会需要使用鼠标、键盘或者类似的东西来获取指令，识别你想看的东西，但也许用你的声音就可以发出指令。头部运动将被识别，虚拟现实会给我们带来更美妙的感觉。想得更长远一些，也许可以制造出更先进的眼镜，这种眼镜可以监测眼球的运动，所以眼镜可以更小更轻，也许可以做到像隐形眼镜那样舒适。

在未来，我们期待医学上有能改变生活的进展，尤其是与我们的眼睛相关的。尽管会有预期的进步，但是随着年龄的增长视力依然会变差，这个问题随着人口老龄化的推进，会变成一个相当大的问题。我们能否制造出帮助老年人阅读的工具呢？

实际上，我岳母最近得到一种梦幻般的辅助机器人。她把一本书放到机器人上，这个机器人就会扫描书籍，识别文字，并用悦耳的声音读出来。与几年前相比，这确实是一个巨大的进步，虽然第一台这样的机器早在 1976 年就出现了。我岳母的这个机器人工作得非常出色，它可以识别按照列排布的文字，还可以识别广告和药品说明书，甚至可以从彩色的背景色中读出彩色的文字。但是，岳母也告诉我，如果文字中有哪怕一个外文文字，这个机器人就会被难住，我岳母就得要求它拼出来。而手写的文字则完全超出它的能力范围。

而我的反应是："什么，那是什么鬼？"难道就不能在近乎完美的软件系统中安装一个小程序来理解其他语言吗？然而，不管这个机器人用起来多么令人开心，依然需要我岳母自己手工翻页。我对很多现代电器有这样的感觉：我非常高兴有人设法发明了它，但是它真的有很大的改进空间。我的预想是，在不久的未来，我岳母把《妇女周刊》[①]扔给她的机器人，然后机器人捡起杂志读给她听，另外还可以翻译比较难的文字，告诉她图片上的信息，或许它还能识别电影明星和名人。

不过，《妇女周刊》很可能很快就只提供电子版了。我的一个同事曾开玩笑说："可惜的是，当你的机器人学会捡杂志的时候，已经没有内容给它读了。"不管怎样，我都希望机器人可以做得更多，而不是更少。读《妇女周刊》只是入门级的机器人技术。

至于手写体的阅读，对现在的机器人而言还很困难，但是它的

① 译者注：《妇女周刊》是英国时代公司出版的一本妇女杂志，始于1911年，主要关注家庭和成年妇女的生活。它为不同年龄段的女性提供时尚或健康建议，从而使各个年龄段的女性都有良好的自我感觉。

能力在逐渐提升，我相信在不久的未来这个问题就会得到解决。 机器人可以比人类更好地理解手写体，这只是时间问题，因为机器人可以访问更大的数据库，它会掌握脑电波如何作用于手部运动的知识。 同样，它也可以识别重度扭曲的文字，猜测缺失的部分，诸如此类。

信息技术最具革命性的应用程序毫无疑问将会出现在人工智能领域。 科幻小说让我们对这个领域的认知有些偏颇，比如依照人类的形体来塑造机器人是没有意义的。 智能机器人不需要把脑袋扛在肩膀上，更实际的是把它放在一个更安全的地方。 机器人的性格也不会与人类相似，它们特别适合去执行困难或危险的任务。

其实计算机专家还没有弄明白如何创造人工智能。 人类的大脑是经过几百万年进化的独特结果，在识别模式和明确链接时尤其灵敏。 大部分研究人员都认为，识别模式需要一个巨大的内存库和极高的处理速度。 然而，人们可能会觉得问题在于研究人员还不知道如何编写可以使机器人有效运作的程序。 不管是什么情况，现状是这方面进展缓慢。 但是我确信，人工智能超越人类将会变为现实，而且这可能也不会花多么长时间。

虽然想象中会有多种情景，但真正通向人工智能的路或许应该是这样的：建立基于专业知识的系统，而这个系统本质上是一个巨大的数据库。 医生们将会建立一个专家系统，里面存储着人类所知道的所有疾病、症状、诊断和推荐的治疗方案。 问题在于，每一个狭小的医学领域，都需要一个专家花费几年的时间来创建一个数据库，在过去30年我们已经成功创建并测试了一些此类的实验数据库，一个有趣的例子是“Digitalis”，它是一个旨在协助药理学和保健的数据库。

对于律师而言，他们需要快速高效地查阅法律条文和之前的判例。在技术方面，会有各种专家系统提供各类人所需要的解决方案。驾驶员可以使用加载着世界各地地图的GPS系统。一个更高级别的专家系统已经存在：数学家们开发了一个程序，它可以根据积分公式和其他从文献中获知的定理来求解复杂的方程。迟早有一天，有人会有高招链接并融合所有的专家系统、百科全书和数据库，而实际上这在小范围内已经发生了。把这些加注到更快速与高效的搜索引擎上，那么它便能够识别链接，独立地组织问题的答案，识别某个人的声音，而且能用与提问者相同的语言回答他。

它们已经开始为老年人提供体面的援助，并逐渐成为老年人不可或缺的工具。迟早我们会发现，遍布世界各地的专家系统似乎都有了智慧。从某种意义上来讲，互联网本身会智能化！这是一个有思考空间的话题。不是一个而是数以百万计的计算机被连接到互联网，形成一个巨大的记忆库。像谷歌这样的搜索引擎已经可以快速而精确地回答“沼泽蜗牛的地理分布是什么？”这样的问题。不久，你还可以提出“我的膝盖已经疼三天了，为什么会这样？”这样的问题。实际上，你已经可以这样做了，只不过你联系上的很可能是一位有血有肉的真实医生，这就不是我所说的智能了。我觉得在未来的某个时间点，互联网将会接管现在专家们所执行的某些功能，比如说医生的某些工作。计算机将通过屏幕与病人交谈，其能力将远超包括在线医生在内的所有人类医生，因为它拥有更完备的医学知识。

智能互联网可能还不够，有一天我们会要求个人电脑也是智能的，并且我也相信这将会成为现实。我认识几个物理学家，他们基于几个基本的论点认为，一台有“意识”的电脑是不可能存在的。然而，基于他们的论点，我必须得出这样的结论，就是他们的论点基于情感而非事实。几乎可以确定我现在工作所用的电脑已经有了一些类似“意识”的东西，表现在它常常独自行动，做一些我不能理解的事情，就好像它有自己的意愿。是的，真正的智能计算机必将到来，虽然我还不能粗略估计出这需要多长时间。

如果你自问：“为了回答一个随机的难题，或者识别某种图案，一个人需要考虑多少种不同的事实？”那似乎目前计算机存储元件的数量并没有差那么多。但是，目前还没有任何软件可以让智能计算机程序用这样一种智能的方式来对比数据。大自然本身自发地为这个问题提供了一个解决方案，那就是人类，不过这用了上百万年的时间才完成，而自我们尝试模拟这个过程开始，只有几十年而已。

未来，计算机真的可以做有计划和有谋略的决定吗？这些决定需要考虑到各种社会因素：人的情绪、道德和直觉。那么幽默感、责任心、讽刺感呢？ 这些因素通常会被认为是人类的典型特质，各种预言也常常表示计算机永远都不可能理解这些。 但是，我敢打赌，事实不是这样的。 实际上，人类的情绪总是有生物学背景的，也很容易被解释与理解。 我坚信未来的计算机程序在理解它们的时候不会遇到任何问题。 实际上计算机并不能体验这些感觉。 因为从生理上它们并没有产生这些感觉，但是它们会理解这些感觉，程序员们会成功地开发出一种软件，让计算机理解应对我们人类这群奇怪生物的方法。 我发现很难预见这些发展带来的所有可能的结果。

第6章 机器人

提到人工智能，许多人就会想到机器人。在科幻小说里，这些机器人都是与人类相似的，如同我们一样走路、说话。但是，我们真正需要的并不是像我们的机器人，而是希望它们可以在对人类而言危险或不舒服的环境下工作。它们应该可被远程控制，这样就不用把“大脑”再塞进已经装满小而圆的光学探测器（眼睛）的容器里了。

机器人已经以各种形态存在很多年了。但它们并不具有任何真正意义上的智能，因为这超出我们人类目前的创造能力。所以它们被远程控制，或者是用预先编好的程序来执行某项特殊任务。最精彩的例子便是正在探索遥远宇宙角落的无人飞船。在地球人类的控制下，漫游车在火星上四处游荡。那么它的边界在哪里呢？

这个领域依然有很大的发展空间。 就像计算机越来越小，机器人也同样如此，这使得它们在各种简单任务上的应用更加多样化。 想想扫地机器人，我最近见到的一款扫地机器人完全无法胜任它的工作。 它根本无法理解自己所负责区域的地板布局，更不用说清理那些难以触及的区域。 为了能妥善地完成任务，它需要通过无线连接到家里的一台大电脑，同时安装上各种附件，才能够清扫到每个角落与缝隙。 一个扫地机器人应该可以清空自己的尘盒，并在需要的时候自己重装电池。 更有甚者，只需告诉它一次该做什么和怎么做，它便可以适时地、无声地完成它的任务。 如果这样，房屋的主人一定愿意拥有这样一台机器人。

其实，我们还可以展望一下更为重要的一些应用。 现在，一条道路总是要被挖很多遍才能去铺排或者修理各种电缆与管道：电视电缆、水管、燃气管道，甚至还有下水道。 如果用小型机器人去挖掘的话，花费会小很多，因为机器人只需要在开始和结束的时候回到地面。 这项发展会让社区财政有质的不同，因为我们对地下管道的需求会越来越多，比如说为支持通信或计算机网络铺设光纤管道，尤其是当这些材料越来越便宜的时候。

如果挖掘机器人能够很好很经济地完成它们的工作，我们就可以考虑挖掘更大的隧道，比如说地铁线路。 在我的祖国荷兰，问题在于我们需要处理的是软黏土或沙土，这类土质没有任何坚固性可言，所以所有的隧道都必须从上面挖，否则就会出现塌方事故。 我在想是否可以用一种小机器人挖出一个类似骨架的结构，我们用水泥把骨架填满，这样就可以为隧道搭建一个强大的“胶囊”，在避免塌方的前提下再把“胶囊”掏空。但是，现在我已不再理会这个想法，因为我预见到了在废物的回收处理上难以克服的困难。与此同时，挖掘机器人正在变得越来越小，在地面上生活的人们永远都不会被隧道的建设打扰。我认为，地下基础设施的建设会增长，高速公路、停车场、物流公司等，都可以设置在地下。实际上，阿姆斯特丹市一直在探讨在地下建第二座城市这个议题，包括高速公路、停车场、商店等，都在老城之下。

无人飞机或者遥控飞机看起来也很有发展前景。这类飞行机器人其实已经存在，并且大部分装载有摄像机。这些机器人经常被用来做实验，现在主要由军方使用，但是目前它们的应用范围是有限的。一个重要的物理学定律是“越小的有机体飞起来越容易”，这一定律可以清晰地从活的有机体身上得到验证，即越小的动物越容易从地面跳起来。一旦微型化流行起来，我们就会看到许多小的飞行机器人。

在一本我从未写出来的科幻小说里，这些飞行机器人会成为流行的儿童玩具。它们装载着摄像机，可以到任意地方，成为个人隐私的妨碍与威胁。这便引发了对各种探测器更大的需求，因为人们需要把这些令人讨厌的偷窥狂赶出浴室和更衣室——这都不是问题，因为这些探测器会因价格低廉而被广泛使用。

随着纳米电子学的出现，以及各种微观尺度的设备成为可能，机器人会变得非常小。这也是费恩曼先生在他那场著名的演讲中所提到的。这些微型机器人在医学领域将会变得极其重要。手术将不再需要开刀，而是往血液里注入一个或多个机器人。动脉和肠道的检查与治疗都可以从里面进行，肿瘤也会更早地被检测到。这些微型机器人可以通过外部的强磁铁驱动。但是，有一个常见的复杂因素往往被忽视，就是大眼睛比小眼睛看到的更多，这曾在第 3 章解释过。如果微型机器人被制造出来，那么它们要么是瞎的，要么只能看到一点儿轮廓。它们将不得不依靠触觉，或者是通过一个远程计算机把几个机器人发射的信号组合起来，形成一种对身体内部可用和可视的描绘。指挥机器人将会是一件复杂的工作，但并非遥不可及，因为到那时候高级而且专业的计算机会唾手可得。

在我那本从未写出的科幻小说的另一章，大量的机器人被注入人体内进行潜在疾病的早期检测与治疗。如果纳米技术与生物学的重要分支相结合，还会创造出其他令人不可思议的结果。在第 14 章，我会重点讲述这个话题。

现在，我们对机器人的印象局限于远程控制，而不是具有独立大脑的机器人。在遥远的未来，这很可能会改变。当距离变得非常远，比如说太空旅行，完全有可能让机器人不再需要远程控制。在第 12 章和第 13 章，我们会继续深入讨论这个话题。

第7章 浮动之城

因为有船舶工程学的学位，我父亲曾经是位于鹿特丹港口威尔顿-费耶诺德码头一家造船厂的高级主管。那家造船厂主要制造当时非常流行的巨型游轮，可以让人们在极度奢华的体验中从荷兰角港航行到纽约。它们是浮动的宫殿，船队中的第一艘游轮被命名为新阿姆斯特丹，后来的游轮都以类似荷兰城镇的名字命名，比如说福伦丹、马士丹，再后来的船只就以一些不存在的城市名来命名。我父亲负责建造“马士丹号”和“莱茵丹号”，他们在1951年亮相，其中“莱茵”是一条河的名称，但没有城市叫莱茵丹。之后还有“斯坦顿丹号”和其他一些船只。

浮动宫殿进一步刺激着人们的想象力。这会把未来引领至何处？整个城市可以漂浮在水上吗？整个社区能永远漂浮在海上吗？

莱茵丹号，1951（见彩色插页）

在我的想象中，建立在浮桥上的城市正在兴起，它们是海上之星。在另外一本我从未写出的科幻小说中，有一座叫作“维多利亚玛丽丝”的城市，它浮游在大洋中央，风车和海浪竞相提供所需的大部分能量。气候很容易调节，如果太冷或太热，整个城市便会自动地往南或往北移动，而且这并不需要很快的速度，大船帆的推力就足够。

对这种超级游艇的展望已被斯考特（Frits Schoute）教授概念化，他在从代尔夫特理工大学①电气工程数学与计算机科学学院退任

① 译者注：英文版原文为“Delft University(代尔夫特大学)”，据查实，斯考特教授所任职的大学为代尔夫特理工大学。这所大学是世界上顶尖的理工大学之一，被誉为欧洲的麻省理工学院，也是荷兰历史最悠久、规模最大、专业范围最广、最具综合性的理工科大学。

的演讲中曾讨论过这个话题。他对环境友好的要求很高，第一艘“生态船”是搭载着实验室和风车的浮筒。能量除了来自风力之外，还可以来源于推动装满水的圆筒来回移动的波浪。这些能量被用于驱动螺旋桨，生产饮用水和其他日常用水。或许践行会比较缓慢，但大浮筒一定会被建成并添加到已有的结构上。一个大的浮标墙保护城市免受汹涌海浪的冲击，同时能产生许多可用的能量。浮标墙可以机械地或者通过磁力黏附在城市上。遇到糟糕天气，即便这些浮标迷失在大海中也不会有问题，因为在暴风雨之后我们可以找回浮标，重新修复并使之与城市相连。

在斯考特教授的愿景中，这里会有房屋、学校和商店，也就是说，是一个完整的村庄。海草生长在悬浮的池塘中——我希望不是直接被消耗——房屋通过热泵供暖。这个村庄的居住者大多为家庭工作者。这个海上村庄与大陆之间的沟通通过水上飞机实现。

从技术上而言，一切都是可行的，但问题在于，我们真的想生活在一个受限的人造岛屿环境中吗？更关键的是，我们会愿意为之付费吗？而且，它的安全性也尚有争议。海啸并不是什么大问题，因为你所在的水域足够深，波浪大多时候都会在漂浮城市的正下方悄无声息地通过。但是，大海中的天气随时可能会变得非常狂野暴烈，而这样一个漂浮的巨物很难机动地驶离可预见的狂风骤雨。而冰山，像“泰坦尼克号”撞上而沉没的冰山，并不会成为隐忧，因为借助于信息技术，我们可以定位一只漂浮的啤酒罐，更别说一座冰山了。

任何一个涉猎过科幻小说，并认真对待的人，都一定有除了大海中浮动之城之外的想象。一座“天空之城”也是可能的吗？这听起来很疯狂，但是科学定律在这个方面却给了我们很大的空间。一个大小适中的热气球，比如说一个搭载着几个人和一个大平台的几十米的热气球，是很容易一直在空中悬浮着的，只要它含有足够多比周围空气密度小的气体。关于气球里面的气体，我们可以选择热空气，另外还有其他类型的气体，比如说氦气和氢气。在我看来，热空气是最简单的选择。我们可以在巨大的齐柏林飞艇[①]之上、之下或者之间建造浮筒。建筑物越大，把热空气与外界隔离起来就会越容易并且越便宜。毕竟，大型建筑能更有效地保存热量，因为暴露在外部的表面积与其体积相比较小。稳定性可能也是一个问题，但同样，越大的漂浮建筑物越稳定。其他问题可能更难应对：在暴风雨天气中，急速变换的风和涡流对于大而轻的建筑物而言，很可能会是一个威胁。

虽然有这些问题，一些细节还是可以按需进行填补的。比如说，在山区，可以建造浮动的梯田用以农业耕作和家畜饲养。自由浮动的建筑物可以有方圆几千米大小，上面有常住的社区，有为了生产新鲜果蔬和畜牧的草原，还有用像羽毛这样轻的材料建造的商

① 译者注：齐柏林飞艇是一系列硬式飞艇的总称，由德国著名的飞船设计专家斐迪南·冯·齐柏林伯爵设计。

店。 发动机或许是需要的，但并不是必需品，因为或许可以通过调整它们的高度来控制这些建筑物向不同的方向迁移，就像现在控制热气球的方法一样。 但是，总支出将会是一个天文数字，而且建造一座“天空之城”的动机可能不强，所以我看不到这些“空中楼阁”未来的可实现性，但确有可能。

第8章 可塑的地球

无论是“海上之城”还是“天空之城”，它们都最大限度地对生态友好。这是一个现实的未来，还是被科幻小说激发出来的呢？坦白来说，我非常怀疑那些美好的生态提案能得到落实，因为我们甚至都做不到停止破坏我们居住的环境，更别说在一个尚未建好的栖息地上改变生活方式。然而，未来或许会证明“海上之城”的存在与设想恰恰相反。如果那样，这将会是一个可怕的故事，我们持续浪费着大量从燃烧化石燃料得来的能量，我们的气候不可逆转地改变着，全球的海平面在上涨，而我那美丽的祖国荷兰将会没入水下。因为我们不能改变浪费的生活方式，建造“海上之城”便是能够使人类继续生活在地球上的唯一选择。

这真的会发生吗？难道我们真的屈服于海浪，接受自己的国家被海水淹没？是否有可能说服世界上所有的人彻底改变他们的消费习惯，从而减少浪费，为降低能源消耗付出更大的努力？ 美国总统乔治 · W. 布什可不喜欢这个想法。 美国人认为他们必须坚持他们的传统，允许按照他们的意愿随意地挥霍能源。 当然，纽约也不会被海水淹没，即使会，在事情发生之前专家们也一定会找到解决方案，据推测大概会是这样的。 如果这个解决方案需要花钱，美国政府也不会为之付费，这可以从美国谈判者现在在全球气候大会上的立场得知。 对美国政府和中国政府的愤怒，并不会产生什么积极的响应。 但是，他们并不是这个星球上被宠坏的不愿意支付碳排放税和贡献于更广泛利益的仅有国家。 荷兰人会自己做出努力。 幸运的是，关于水的管理，荷兰已经拥有丰富的知识，而且我们确实在缴纳碳排放税，高于美国！

然而，不得不承认，气候变化并不是什么新奇的事情，受自然因素的影响，地球上的气候总是处于波动状态。 在冰河时代，更新世[①]持续了超过 200 万年，结束于大约 1 万年前。 在之后的全新世，冰雪融化，海平面上升到现在的高度。 到目前为止，海平面一直都在缓慢地上升，其速度大约是 1 厘米/100 年，但在过去的一个世纪，科学家们检测到了更快的上升速度。 因研究地球大气层中的化学过程而获得诺贝尔化学奖的克鲁岑（Paul Jozef Grutzen）教授怀疑我们已进入一个称为“人类世”的全新时代。 在这个时代，人类会引起地球、水和空气的巨大改变。 工业快速发展，同时伴随着

① 译者注：更新世，从 258.8 万年前到 1.17 万年前，处于地质时代第四纪的早期，其显著特征为气候变冷，冰期和间冰期（两次冰期之间气候变暖的时期）明显交替。

规模巨大的化石燃料的焚烧。那么其后果必然是海平面以空前的速度上升。短期内，这种上升并不会像古老的过去所发生的事件那样巨大，但是那些事件发生所用的时间有几千年甚至几百万年。现在，这种巨大的变化很可能在几个世纪内就会发生。若果真如此，对于处于低处的荷兰而言，将是巨大的灾难。

过去的几个世纪，荷兰人已经学会了建造堤坝和防洪水闸。位于荷兰东斯海尔德水道的新水道挡潮闸便是一个极好的例子。如果真的想保护我们的国家免受洪水侵袭，在未来某个时间点，我们就一定需要超越之前的成就。以前我们所信任的那些老办法不再能应对现在的状况。比如说建造堤坝这件事，因为荷兰是软土地质，如果想把堤坝提高 1 米，那宽度上就需要扩展 10 米，更糟糕的是，这个堤坝在一定时间内就会下沉 90 厘米。而且，请不要忘记地下水位这件事，我们不得不用越来越大的泵来避免地下水盐化。如果海平面上升，河流的水平面也会上升，同时河堤也需要升高。

保卫国家所需要的财务开支是巨大的，以便有可能建造更大的堤坝。但是，怎样才能避免这些堤坝退化呢？堤坝有可能由一种非常轻的材质建造吗？不可能，因为如果用非常轻的材质，它有可能被洪水推倒，导致堤坝和其下地域的洪水泛滥，那将会是非常危险的。所以，我想到一种新的构造：在其中放置大块的空心混凝土块。它们被特别设计成是可以通水的，在洪水那一侧，水流可以流入和流出。这样的话，堤坝就可以控制它自己的重量，水位高的时候重，水位低的时候轻，而且不会随着时间的推移下沉或下滑。

水利专家们肯定比我更精通这些，也一定在致力解决这些问题，而且很可能会想出更好的方案。我想他们不会坐视海水淹没我们的国家，将会设计出一个个技术杰作来保护我们。而相应的巨大财务支出将会由向海外销售我们的专利而获得。毕竟，全球沿海地区都会面临着完全相同的问题。

由空心混凝土块建造的堤坝横切面。涨潮时，混凝土块就装满水，从而变得更重，这能提升它抵抗水压的能力。落潮时，水从空心混凝土块中排出，降低堤坝沉入泥土的风险。（见彩色插页）

造成各种环境问题的元凶是气候变化，那么是否有可能通过不同类型的技术奇迹来阻止这一变化？短期来看，未来几百年内，情况并不乐观。气候的改变在十年前还仅仅是一种可能性，而如今气候的改变就像是桥下的水勇往直前。这些改变的确发生得很快，很可能它们就是人类活动造成的后果。海平面将会持续上升，而且速度会很快。对此的预估差异很大，我们都知道对气候的预估本身就是一件非常困难的事情，我们只能说气象学家对海平面上升的推测是，在 1990 年到 2100 年之间，海平面将会上升 8 厘米到 90 厘米。

这个数值听起来并不大，但其带来的影响将是灾难性的。气候环境并不稳定，原因是，地球上多处幅员辽阔的陆地被巨量的冰川覆盖，其中最大的一块是南极洲，它被厚达 4.5 千米的冰川覆盖，另一块是格陵兰岛，但是它的面积比南极洲小很多。如果这些地区的冰川融化，融化的水将会流入大海，水量巨大，将会引起海平面的显著上升。

冰川不仅在陆地上有，在极地海域上也有，尤其是在北冰洋。这些冰川也可能会融化，或者部分融化，但是这并不会引起海平面的显著上升，因为这些冰川本身就漂浮在水面上。就像一满杯水，如果其中的冰块融化了，水并不会溢出。但是如果是一个托盘上的冰块融化了，融化之水流入水杯，那么水就会溢出来。所以，陆地上融化的冰，才是我们需要谨慎防范的。

冰在温暖的空气下会融化，并不是只要暴露在阳光下就会融化。这是因为冰是白色的，会反射大部分的光线而吸收较少的热量。但是，只要岩石暴露出来，其表面就会吸收更多的热量，温度会随之上升，冰的融化过程就会加速。所以，只要南极洲和格陵兰岛上有岩石暴露在阳光下，我们就生活在隐忧之中。冰的融化不会止息，在冬季，岩石会被雪覆盖，但在夏季这些雪就会融化，最终会达到一种新的平衡点。或许冰川并不会完全消失，因为空气湿度的增加会引起降水的增加，因而降雪也会更多。但是现在还很难弄清楚这个平衡点在哪里。

我们知道历史上曾有几个地质时期南极根本就没有冰。几百万年前，地球上各大陆的位置分布和现在是不同的。那时候位于南极的是澳洲，而不是南极洲，而且那里没有冰。在澳洲出土的恐龙头骨有巨大的眼窝，那很可能是因为南极连续好几个月都是黑暗的，这些动物必须适应黄昏似的微弱光线，或者甚至是靠星光闪烁的一点光线来观察事物。

那个时期的海平面比现在高很多，这种情况有可能会再次发生。有人计算过，如果南极洲所有的冰雪融化，海平面的提升将会超过 60 米，荷兰和纽约都将不复存在。这并不会很快发生，这一过程或许会持续几千年。

不过其实这一过程已经开始，虽然缓慢却永不停息，但是没有人知道我们是否可以扭转这种趋势。格陵兰岛上的冰川已经在以惊人的速度融化，如果全部融化，海平面将会上升 8 米。引起地球气温上升的主要原因是温室气体，特别是二氧化碳，同时也有其他气体的作用。它们中的大部分是人类在活动中无意排放到空气中的，比如说甲烷，主要源于我们喂养的巨量牲畜群的排泄物。在 20 世纪，空气中甲烷的量已经增加了 1 倍。不过，二氧化碳依然是最近气候变化的主因，而且我们还在持续不断地生产它。二氧化碳来源于化石燃料（例如石油、煤炭、天然气）的消耗，而这些同时也是支撑现代文明的能量来源。

甲烷和二氧化碳之所以被称为温室气体，是因为它们在大气中的角色正如玻璃在温室中的角色一样。对波长较短的可见光而言，它们是透明的，太阳照射到地球上的大部分能量都以可见光的形式出现，这些可见光到达地面后会被转化为热量。地球又会把这些热量反射回空中，但因为地球的温度远低于太阳，这些热量便主要以红外光（肉眼不可见）的形式反射回空中。红外光的波长远大于可见光，其中一部分能量便会被困在地面与空气中的二氧化碳之间。在这种情况下，少量的温室气体就会有效地使我们的星球增温[①]。

讽刺的是，我们已经可以做到减少硫化物（这曾是另外一种人类污染自然环境的污染物）的排放。实现这种减排是非常重要的，因为硫化物对我们的健康极为有害，还会引起酸雨。二氧化硫似乎可以冷却我们的空气，因为它能够产生一种由酸性液滴组成的云，而这些酸性液滴反射太阳光中的可见光，所以它们可以扮演地球冷却剂的角色。然而，显然我们并不希望空气中有硫，那就忘了这个选择吧，让我们回到减少二氧化碳排放量的问题上来，这个才是最大的麻烦。

为减少二氧化碳的排放量，各种各样的提议被提出。但是毕竟有这么多人在开车，有这么多发电站靠煤炭和燃气运转。相对于我们谈论的排放量级，现在所有的提议都不可能使排放量显著下降。然而，大自然有它自己的方式:沿海地区将被淹没，由此人类的居住地会大面积减少，人类的人口也会随之减少，这便会自动地减少有害气体的排放。

---

① 译者注:温室效应主要指太阳短波辐射可以透过大气射入地面，而地面增温后发出的长波辐射部分被大气中的二氧化碳等物质吸收，从而产生大气变暖效应。

地质学家知道这可能意味着什么:一个空气中含有极少二氧化碳的时期可能会出现。 这会导致地球被冷却，冰层变得更厚，甚至有可能覆盖整个地球。 有证据显示在 7.5 亿年至 5.8 亿年前，曾经有几个短暂的时期，整个地球被厚厚的冰层覆盖，包括赤道地区，当时我们的地球就是一个大雪球。 不像人们所想的那样，这个大雪球并不能长久地持续下去。 过去存在的植物甚至任何植被的活动都会终止，所以二氧化碳向氧气转化的过程也会停止。 同时，火山活动会缓慢地增加二氧化碳和甲烷的含量，直到回到之前的水平，经过几百万年，冰雪便会逐渐融化。

在我另一本从未写出的科幻小说中，地球面临的威胁将会是变成一个雪球，人类必须再次大量地燃烧石油，只为了增加空气中二氧化碳的含量。 然而，现在我们处于与这种状态风马牛不相及甚至是相反的境地。 不过这个故事的寓意是明确的:气候不稳定，我们必须进行干预。 这关系到巨量的二氧化碳，无论我们决定使用什么样的解决方案，都需要花很多钱。 而最昂贵的方案就是什么也不做，因为这会导致沿海地区洪水泛滥，或许在尝试各种“烧钱”项目后不得不对堤坝进行加固。

因此，唯有到了各种灾难发生之时，包括美国政府在内的政治力量才会开始关注。 但是，到时候能够做些什么呢? 我并没有宣称知道所有的事情，也并不知道将会发生什么、最好的解决方案是什么。 我能做的只是热情地提出这样的问题，并对之进行科学的讨论。 所有的提议——有些看起来是很实际的解决方案——都需要尽快地拿来考虑。

首先，我们可以选择节约能源，而且还不能以牺牲生活中的小奢侈为代价，只是简单地通过使我们的家电更节能来实现。我觉得最不可思议的是大多数家电在待机状态下功率仍有几十瓦，应该仅需要几毫瓦才合理。计算机在连续数小时不被使用时，应该靠非常少的电力维持基本运行。在附近没有人时，电灯应该能自动关闭。通过逐步提升电子通信等技术，来减少人们对出行交通工具的需求。我相信现代的信息与通信技术可以在很大程度上有效地减少我们对能源的消耗，同时并不损害我们生活的舒适度。

其次，众所周知，太阳能和风能是最佳替代性能源。让我们先说说风能。仅仅通过风电场，不可能有足够的能量来满足我们所有的需要，但是气旋激起了我的兴趣。很显然，在低层空气中有很多能量，而且这里的空气在充足的阳光照耀下变得温暖湿润。一旦达到某种程度，空气便会变得不稳定，较低层的空气便会和较高层的空气互换位置，而高处相对更为寒冷和干燥。这个过程伴随着狂风暴雨，结果就是我们所说的飓风。

我们能否在空气对流积累的能量达到这么剧烈之前获取这些能量呢？或许非常困难。但是我想到了巨大的烟囱，假如它们有几千米高几百米宽，并且建造在沙漠那样干燥的环境中。温暖的空气从下面被吸入，并在顺着烟囱上升的过程中冷却下来。大型的风力涡轮机从狂风中捕获能量，另外，这样的垂直运动会产生降雨。在加勒比海，空气不仅温暖而且潮湿，所含的能量更多（潮湿的空气比干燥的空气更轻），这些区域的烟囱或许并不需要那么高就可以产生许多能量。

这样的烟囱将会是气旋的人造风眼，但是这个气旋不能随便移动。我们可以建造数百个这样的烟囱，通过控制空气的供给来开启或关闭它们，从而可以影响真实气旋的运转状态。最终，将会有许多这样的烟囱，使得真实气旋能用的能量所剩不多。这样便可以一石二鸟，可用的能量更多，而同时再也没有危险的飓风。显而易见，对于这个系统会有许多反对之声，比如说这种能源强烈依赖于季节，第一次尝试阻止飓风失败的法律后果也是不可预见的，任何飓风的产生都会归咎于我们的项目！不过这仅仅是我热衷推测的有趣高科技的想法之一。

然而，太阳能是丰富的，这里通常指的是可以直接把太阳光转化为电流的太阳能电池。但这里也有一个大问题：太阳能电池不够经济！一个太阳能电池通常比较贵而且易损坏，后者更为严重。大家都知道暴露于太阳光下容易晒伤。太阳能电池是将有害的光子转化为电流的精密电子电路。就像现实生活中经常遇到的那样，它们并不能持续工作很久。

实际上我更倾向于使用大的镜子，它们把太阳光集中到发电机上，用更常规的方式把太阳的热量转化为能量。根据自然法则，具有某温度的光源可以将另外一个较低温的物体加热到与其相近的温度，但是不会超出其自身的温度。太阳表面的温度将近6 000[①]摄氏度，所以理论上镜子的焦点有可能达到相似的温度，但不会超过6 000摄氏度。实际上能达到的温度不超过500摄氏度，不过这对一个高效的能量转化而言已经绰绰有余了，问题在于要产生足够的能量需要巨大的面积。

对太阳能和风能存在的一种反对声音是：当你需要的时候它们不够，而当你不需要的时候它们又过多。我们应该清楚的是，我们需要发明好的方法来存储这些能量。市面上有很多颇具竞争性的解决方案，但是作为一名科学家，我很难预测哪一个会是最经济的。通过水泵或者飞轮把水从低处抽到高处的抽水储能可能是一种选择。也许会发明更高效的电子存储方法，但也可以通过使用高效的热泵来实现热量的储存。

在我们的讨论中，还有一种重要能源——核能。核能并不产生温室气体。因伦理上的争议，像绿色和平组织这样的机构一直反对核能，但是他们的立场本身就具有争议性，至少从环境保护的角度而言是这样，尤其是对植物和动物而言的环境。即使有偶发性的核灾难发生，而且大量的放射性物质泄漏出来，受到影响的植物和动物也是很少的。一些植物和动物受到影响而死亡，但也只是植物和动物群落中很小的一部分，它们很快就会得到恢复。

① 译者注：英文原版为3 000，应为作者笔误。

其实人们不想接受的是有几百人可能会因此而死于癌症。有时候成千上万的受害者被引证，但是请记住放射性物质也存在于大自然中，这成千上万的受害者中，一部分人的病因其实仍然是自然因素，而非人为因素。

我们想要的当然是没有任何核事故的核能，产生的核废料也是最少的，如果可能的话，最好不要有可以用于制造可怕核武器的副产品。如果我继续进行更细节的探讨，这里的论证就会太技术化，不过到此为止，已经足以说明有各种各样利用核能的方案，虽然这必然会受到反核人士近乎宗教式的狂热反对。

量子物理学家鲁比亚（Carlo Rubbia）是新一代核反应堆的热忱支持者，他是1984年的诺贝尔物理学奖获得者。他提出了一种与量子加速器协同工作的反应堆，这种设计比传统的模式更加安全。这个过程基于核裂变，不是铀[①]或钚[②]的核裂变，而是其他重化学元素，比如说钍[③]。使用这些原料所产生的核废料的放射性在几百年后比原料的放射性更低。当粒子加速器关闭时反应堆就停止工作，所以不会出现爆炸的情况，也不太可能用钍来制造武器。由此可见，从技术上来说，这样的反应堆是可行的，而且在不久的将来便可实现。

① 译者注：铀，原子序号为92，元素符号是U，具有放射性。
② 译者注：钚，原子序号为94，元素符号是Pu，具有放射性。
③ 译者注：钍，原子序号为90，元素符号是Th，具有放射性。

除了上述方法，核聚变[①]也是一种选择。与现在使用的核裂变[②]相比，这是一个非常不一样的核能来源。在传统的核裂变中，重原子核分裂成多个质量较小的原子核，而在核聚变中，质量较小的原子核被聚合成质量更大的原子核。在这个过程中，几乎没有放射性物质产出，其燃料（本质上就是水）也非常丰富。但是，核聚变反应堆非常难以实现，因为它要求在一个极其复杂的磁场排列中，温度高达几百万摄氏度的活性气体必须可控。

在不久的将来，在国际热核聚变实验反应堆（ITER[③]）的建设下，或许可以证明这样的反应堆可被作为大部分能量的来源，第一个核聚变反应堆将会产出电能。在法国南部城市卡达拉舍有一个大的实验室，这里是核反应堆的建设地。这是参与国在旷日持久的争论之后最终确定下来的一个地方。

对此，我的一个同事依然是明显的怀疑论者。他曾说："或许他们可以成功地在强磁场中控制高温气体，但是会有大量的辐射。这些辐射将会灾难性地影响高真空状态的墙体涂层，所以墙体会需要频繁地修整。他们如何应对这些呢？"

---

① 译者注：核聚变，由质量较小的原子，在一定条件下，例如超高温和高压下，让核外电子摆脱原子核的束缚，使两个原子核能够相互吸引而碰撞在一起，生成新的质量更重的原子核。

② 译者注：核裂变，由重的原子核，主要是铀和钚的原子核，分裂成两个或多个质量较小的原子核的一种核反应方式。

③ 译者注：ITER，International Thermonuclear Experimental Reactor 的缩略，中文名是国际热核聚变实验反应堆。

然而，在当下濒临险境的情况下，从经济效益考虑，我认为对于这种技术问题，一定会找到经济而又切实可行的解决方案。不管怎样，开始投资这些潜在的替代性能源非常重要。即使所有的疑虑都还没被消除，和科幻小说作者一样，我对人类的创造力充满信心。

遗憾的是，在2060年前并没有经济可行的核聚变应用方案，在那之前我们必须找到其他替代品。20世纪60年代，核聚变的工作刚刚开始时，预期30年后（也就是20世纪90年代）核聚变或许可实现应用。而实际上，50年之后的今天，这个目标又被延期到了更为遥远的50年之后，但未来依然不被看好。但也就是在这一意义上，科学与技术的进步会让更多的事情变为可能。

太阳、风、核裂变与核聚变能够及时地提供足够的替代能源吗？很大可能是，这个转变将花费很长时间，而且产生的能源也仅仅是沧海一粟，我们需要更强有力的措施。

我还有另外一个建议，即使已经太晚了。关于世界气候，还有一些方面是我们想要去改变的。我曾经有过几次沙漠旅行，那时我一直在想，如果这里的人们能够获得充足的淡水供给，这里会不会有茂密的森林？会不会有农业和畜牧业所需的富饶肥沃的土壤？会不会有更多的空间让人类来居住？那么，我们就会问：难道科技不能创造大量的淡水吗？收益会不会远远大于支出？如果世界上大部分沙漠地区的淡水储量有了巨量的增长，会不会对世界的整体气候产生影响？ 会不会引起降水量的增加？ 如果一个丰富的植物群和动物群出现，又将会发生什么样的事情？ 会把空气中大量的二氧化碳固化储存到植被和矿物中吗？ 是否能够一箭双雕？ 我们将创造一个适合居住的巨大区域，可以支持奢侈的消费，另外还可以从空气中吸收二氧化碳。 当然，我们并不想把所有的沙漠都变为农场或森林，应该永远保护原有的沙漠，哪怕为了保护地球上生物的多样性。 但是确定的是，我们多多少少还是可以有所作为的。

水总是让我着迷。 以色列和约旦在坐视死海干涸。 不久前，我的以色列同事曾想出一个主意，就是在地中海与死海之间挖一条运河来连接它们。 死海位于地球最低点，它的水平面低于海平面400 米。 如果运河被挖成，水流将以巨大的力量流向死海，这个过程中可以通过水轮机产生巨大的能量。 同时，水位将会恢复到原来的水平，空气中水的凝结也会减少这个地区的干旱。 然而，由于政治上的原因，这项计划被取消了。 但最近曝光了另外一个类似的计划，以色列和约旦将共同挖一条从红海到死海的运河，这条运河会更长，但结果是一样的。 然而，计划能否得到实施，还取决于科学之外的因素。

在此期间，阿拉伯世界也提出了令人极为惊异的想法，他们计划把南极的冰山搬运到红海。 这将会产生巨量的淡水，诚然，这个旅行会花费巨长的时间，大部分的冰在路上就会融化掉，但所留下的依然足够多。

这样的计划在经济上真的可行吗？ 我的主张是我们应该建造巨大的海水淡化机。 理想情况下，它们应该依靠太阳能而不是石油或天然气运作。 海水被加热而蒸发，再凝结成淡水。 我们还可以使用太阳能驱动的机器抽取海水，并使其通过过滤器进行淡化。 长远来看，我还看到另外一种可能，就是可以借助于能够通过阳光对海水进行过滤淡化的转基因植物。

我在写这本书的时候，西班牙正面临严重的干旱。 这个国家应率先发展大型海水淡化工厂，这会需要很大一笔预算，但从长远来看这对气候有益。 而其他国家，尤其是欧洲议会成员方，应该为西班牙提供支持。 把海水从大海中运输到陆地上这一做法对海平面的影响微乎其微，但是温室气体吸收的增加产生的效果将会极大地降低海平面。 但是谁又知道结果会怎样呢？

我思考了一些其他可能影响地球气候的大型项目。 非洲部分地区降雨量少的原因之一，是大西洋非常冷而导致蒸发量极小。 我们就不能建造一个浅的盆地，在那里太阳可以很容易地把盐水加热至蒸发吗？ 确定这个想法是否可行的唯一途径是利用巨型计算机的计算能力为之建模。 通过对模型的计算，我们可以知道从什么地方抽取盐水，好让太阳和风来承担加热蒸发工作。

一定有很多种方式把植被稀疏的地区转变为茂盛的森林。 一位创业经济学家保利（Gurter Pauli）创立了零排放研究与行动组织（Zero Emissions Research and Initiatives），这是一个理想化的组织，其目标是在不侵害环境的前提下，利用简单的技术显著地提升贫困地区的生产力。 有一个关于哥伦比亚东部热带稀树草原的案例（美丽而成功的故事），那里曾经寸草不生。 有人曾争辩到，如果可以在那里种植一片森林，那么在地球上任何一个地方都可以种植森林。

这个组织的生物学家找到了针叶树不能在这个区域生长的原因，那就是这里土壤的 pH 是 4，土壤酸性太大，同时日照又太强烈，导致种子不会有任何存活的机会。 通过先种植可以抵御强日光照射的灌木，和培植降低土壤酸性的菌类，这个问题就得到了根本解决。

在这些先驱植物之后，人们种植了针叶树。 现在，这些树都生长得很茂盛，没有任何问题，已经由 8 000 英亩(1 英亩≈4 046.86 米^2)的稀树草原变成了森林。 造林的影响之一是，降水量随之增加，从而棕榈树也可以开始种植。 这个地区的经济价值便得到了戏剧性的提升。 要想影响气候并使之改变，就要稳定大气中二氧化碳的含量，没有比这个更好的方法了。 这是一个极好的科学应用示例。

重要的是，我们不再燃烧这些项目产生的有机物，也不让它们腐烂，而是为之找到一个持久的方法，从而避免这些物质含有的二氧化碳再次回到大气中。 如果我们能生产高质量的木头，就可以用来建造房屋或者制作家具。 如果我们利用生物燃料带动发电机，那么我们一定不能犯这样的错误，就是假设这个过程中排放出来的二氧化碳都是无害的。我们应该尝试把这些二氧化碳存于地下，就像工程师们计划对利用化石燃料运行的常规发电厂的处理方式一样。

哥伦比亚东部热带稀树草原上人工种植的热带森林(见彩色插页)

克鲁岑（Raul Crutzen）[①]最近提出了一个机敏而清晰的方案，他建议用一套非常与众不同的方法来解决全球变暖和海平面上升的问题。我之前曾解释过，空气中的硫对我们的身体与植物是有害的，但硫化物的确能降低地球的温度。这是因为在高空处，太阳加热硫化物，从而导致液滴形成。而这些滴液反射太阳光，尤其是光谱中的可见光。

---

① 译者注：克鲁岑，荷兰大气化学家，因证明了氮的化合物会加速平流层中保护地球不受太阳紫外线辐射的臭氧的分解而与莫利纳、罗兰共同获得了1995年诺贝尔化学奖。

硫化物液滴对地球的冷却效果众所周知，这些液滴在高空飞行的飞机尾迹中也能发现。这些高海拔的人工云有一定的冷却效果，正如“9.11事件”之后的几天，全美国所有的航班被取消，结果便是整个国家都检测到了日照量的大幅增加。

有人发现，如果这些液滴在平流层，那么它们对太阳光的反射效果会高很多，简单来说，这是因为硫在平流层漂浮的时间更长，可以长达2年，而在较低的高度，只能漂浮几周。硫的年均排放量较之前的1.6亿吨已有所降低，这是一件好事，因为我们绝对不希望大气有毒。不过，如果我们能够往平流层中散布200万吨硫，对大气的冷却作用就足以中和目前二氧化碳对大气的升温效果。这也几乎不会形成酸雨，所以对我们的健康也没有影响。

怎样才能把硫送到平流层呢？我的第一个想法就是用一个大炮。含硫的炮弹被发射到上空，一旦抵达平流层就爆炸。“这是在犯罪！”我已经听到有人在狂叫，但这是一个值得进一步研究的明智方案，因为或许会有更好的方法可以使高处的硫气体得到很好的利用，而处于低处的我们也不会受到影响。或者，可以达成一致，让飞机必须使用高含硫燃料而不是普通燃料，并在上升到巡航高度后，混合到喷气发动机的燃料中。

其实大家不必担心，因为气象学家将会承担这项研究，在彻底研究和追踪所有好或坏的副作用之前，他们是不会有任何行动的，而且在各政治层开“绿灯”之前他们也不敢往前走。

这里，我们必须弄清楚气候和天气的区别。 一个地区的气候是由某种天气模式决定的，而天气指的是每一天的情况。 目前的科学很清楚地告诉我们只有短期的天气预报是可实现的，而这个短期的具体长短在不同时间和地区是不同的。 如果一段时间内天气稳定，那么比较容易做出预测，但有时候高气压与低气压的位置变幻无常，会导致对几天内的天气进行预测都很困难。 随着计算机模型的能力提升，天气预报的可信度也会得到改善，但也只是把“短期”延长几天而已。

准确地说，对稍后几天的天气做出详细预测都是困难的，更别提控制天气了，这根本就是不可能的。 这样的自然法则告诉我们什么呢？ 那就是天气系统是无秩序的，任何的影响，哪怕是很小的影响，在一定时间内都会彻底改变天气。 就连很小的蝴蝶，决定以不同于以往的方式轻轻地挥动一下翅膀，对大气的影响随着时间的推移都会随之增加，几周或几个月之后，我们的天气系统就会完全被改变。

这些改变是不可预知的。 然而是否有更先进的文明能够开拓创新？ 气象学家或许可以用大镜子来操纵太阳光，从而加热一个地方或者屏蔽一个地方的太阳光，使水蒸发或者不蒸发，加热地球的某一部分或者它的反面。 这些超级科学家将会确定对生态平衡产生最大影响的时间和地点。 这种影响只需要比不可预知的影响（比如说什么时候一只蝴蝶会扇动它的翅膀）更大一些。

计算所需的计算机必须非常巨大、强大和快速，利用这样的计算机，科学家或许真的可以预测所有可能的结果。这样他们才能引导某种天气到一个需要的地区，比如说可以让某一地区的暴风雨改变前进的方向，从而减少暴风雨带来的破坏。在地球上实现这样一个系统，且使之符合成本效益，甚至达到理想的状态，在我看来其实是不大可能的，但我保证在自然法则之内，会探索出所有的可能性。与控制气候相反，对天气的控制甚至在未来都是不太实际的，即使在理论上是可能的。

这一章的结论是，长远来看，我们希望能够影响地球的气候。现在，在室内我们有空调和中央供暖系统；在遥远的未来，我们或许可以使用“大科学”对整个地球气候有更好的控制——一个可塑的地球。而且我希望能对地球气候有更好的控制，从而可以使之更有效地满足我们的需求。但是很显然，就连保证在进行阅兵式时不下雨这件事，我们都有很长的一段路要走。

从根本上来讲，不可阻止的人口增长是气候变化的主要原因，目前这已对我们的星球造成了难以承受的压力。这个问题当然应该由社会学家来考虑，然而我也意识到没有比控制人类增长更难的事情了。难道财富的增加不会引起人口增速的下降吗？也许有一天，科学真的可以用来控制我们的人口增长。

我深信如果仅凭科学与技术，即使世界上的人口持续上升，人们的生活水平依然可以显著提升，并且即使在那种情况下，也会有科学的办法用来控制气候。这件事不会很快发生，因为科学家们才刚刚开始艰难地触及这个巨大课题的表面，但是如果你想基于科学对我们的未来做出推测，那么这是一个真正令人痴迷的课题。

第9章 放风筝

那天，风很足，我不想去学校，便去放风筝。风筝紧紧地拖拽着拉在我手上的绳子，它拖拽的劲儿实在太大了，以至于时不时我就会有危险。其实那也不是第一次，就在几天前一阵风把我手上的线轴给拽跑了，害得我跟着风筝跑了三个街区才把线轴拉回手里。但不幸的是我的线轴走了与风筝不同的线路，那阵风吹着我的风筝越过房屋、天线和阳台，最后悬挂在了我从小生活的那条繁忙的海牙主大街上方。如果绳子断了，就绝对会引起事故，因为开车的人和骑自行车的人会因突然遇到横穿马路的绳子而受到惊吓。

我的风筝和我的举动引起了一名警察的注意，他停下自行车走向我，问道："那只风筝是你的吗？"是的，它是我的，我不能否认，毕竟，线轴还在我手上。"风筝是你自己做的吗？"当然了，我所有的风筝除了第一只是在一个商店买的，其他都是自己做的，但买的那只根本飞不起来。 但是，现在我已经知道了那只风筝为什么飞不起来。 那个警察继续问道：“放风筝是不是很有趣？ 这让我想起我小的时候，那时候我也经常放风筝，而且还会通过风筝线向风筝传送小纸条。”当然，我也知道怎么做到这个，风会把它们吹送到上面。 只是现在我的绳子上有太多的结，因为它经常断。 之后，警察就骑上自行车走了，而我也赶紧收起风筝，在那里真是太危险了。

很多人可能会因为放风筝弄出事故。 有一篇新闻报道说，有一只很漂亮的龙形风筝在放飞中不幸缠绕到了树上，它高高地悬挂在斯希蒙尼克奥赫（荷兰群岛中的一个小岛）半英里的上空，对当地的空中交通构成了一定的威胁。 叫来的消防员尝试用绳套把风筝给套下来，结果他们没能做到。 在不远处有一个军事基地，最后，这只风筝是被击落的。

消防员？ 击落风筝？ 他们为什么不用另外一只风筝呢？ 任何放过风筝的人都知道用一只风筝打下另外一只是非常容易的事。 实际上风筝缠绕到树上这种情况通常是很难避免的。 在印度“斗风筝”是一项常见的运动，在那里有一种特殊的风筝出售，风筝线上会挂着一些玻璃。 这样在“斗风筝”中，人们会让自己的风筝线靠近对手的风筝线，然后通过快速地上下移动手臂来切断对手的风筝线，当然这得发生在自己的风筝线被切断之前。 我的风筝线也会缠绕在树上，但是我总是有办法把它们给取下来。

我在放风筝方面有过许多想法。 怎样才能稳定风筝？ 怎么做才能让风筝飞得尽可能高？ 我一次又一次吃惊地发现原来有那么多各式各样的方法可以让风筝克服重力飞向天空。 后来我才意识到，怎么做风筝才是重要的，而其中最为重要的是风筝线。 风筝线越结实越轻，风筝就会飞得越高。

我的好朋友，荷兰第一位宇航员欧克斯（Wubbo Ockels）早就理解了这一点。 欧克斯也是一个热衷于放风筝的人。 他说，只要风筝线够结实，风筝就可以飞到令人炫目的高度，甚至还可以达到平流层的上层。 如果做风筝的时候，我们把两只风筝一高一低地绑在一起，在放飞中它们就会根据风速飞翔在空中不同的层面。 它们会相互带动往上飞，直到两个层面的风速与风向达到一致，或者其中一只风筝刹住，很大可能性是下面的先刹住。 欧克斯还相信，可以像放风筝一样，在一架机动飞机后面拉一架滑翔机到平流层。 而且实际上他还尝试了这样做，但是气流湍急，而且结果显示，掌控这个长线缆绝非易事。

有没有可能利用风筝从风中获取能量呢？ 在风筝通常飞翔的高度，风速常常快且稳定，远远超过我们建造风车所在的仅仅高出地面一点儿处的风速。 欧克斯认为我们可以用风筝建立空中发电站。大量的风筝附在一根长长的缠绕着地面发电机转轮的特殊线缆的两端，就像飞翔的两只翅膀。 在线缆的一端，风拉着风筝向上飞行；而在另一端，风筝沿转动角度失去向上的拉力而下降。 风筝在空中来回做升降运动，带动地面发电机发电，大量的风能转化为电能。

回想一下，当我的风筝悬挂在繁忙的海牙主大街上时的情况，我担心这并不是一件容易的事，因为几英里长的线缆是极其难以控制的。希望欧克斯的“阶梯能源站”能有好运。那么关于线缆呢？稍后我将会回到这个话题。

第10章 星球

我们在地球上已经生活了很长时间，我们多么想往上飞翔，直入太空！ 我们已经实现了登月的梦想，还有很多无人宇宙飞船已经找到了通向太阳系其他行星和卫星的途径。 还有一些宇宙飞船想要脱离我们的太阳系，但从天文学角度而言，它们不会走得很远。 它们在接近太阳系以外的有趣世界之前，就会停止运作。

我们的前景是什么？ 自从人类出现，我们就开始凝望太空。最开始用肉眼，之后用各种天文仪器。 更大的光学望远镜让我们越来越清晰地看到了银河系中更远角落的图片，而后这个观测精度又被精巧的射电望远镜的观测精度超越。 第一个真正意义上的巨型射电望远镜阵列位于荷兰东部的韦斯特博克，但是很快世界上不同的地方也建起了射电望远镜。 被发射到地球大气层外的仪器会告诉我们更多关于天体发射的红外线、紫外线、X 射线和伽马射线等波段的信息，还有有趣的微波背景辐射，它起源于更遥远的宇宙，那时候宇宙的年龄只有几十万年。我们的星系中有许多巨大的天体，其体积是地球或者太阳的许多倍，释放出令人难以想象的巨大能量。然而，我们的宇宙最为显著的特征是遥远的距离。光，其速度高达 3×10^5 千米/秒（187 500 英里/秒），在我们所能观测到的天体间穿梭也需要几百、几百万甚至是几十亿年的时间。我们的宇宙真的是非常非常广阔！

我之前曾尝试解释人类可能永远无法走出太阳系的最外层，比如说到达冥王星附近，对此你可能会感到有些失望。我们的太阳系（也称作行星系）是银河系的一部分，在这部分空间里，我们的太阳是最闪亮的那颗恒星。它从水星一直延伸到了超出冥王星和卡戎星这对“行星”的距离。顺便提一下，冥王星和卡戎星最近分别被降级为矮行星[①]和卫星。现在，“冥王星化”（pluto）在英语字典里已经成为一个正式的动词，意思就是“被降级”(downgraded)。比如说，“他像一双旧鞋一样被冥王星化（被除名）了”。

太阳也属于我们的太阳系，但很显然，我们无法到达那里。从天文学角度而言，我们的太阳系就像我们的后院一样那么大。

我在第 2 章中曾写过，值得庆幸的是我们的地球够小够轻，所

---

① 译者注：冥王星于 1930 年被发现，一直被认作是太阳系的九大行星之一，但在 2006 年，它从九大行星中被除名，降为矮行星。卡戎星的身份现在仍未明确。

以我们才能建造出脱离地球大气层的火箭。火箭一旦进入轨道，到月球或其他星球所需要的燃料就会相对比较少。

在没有外力的帮助下，一个太空引擎所能产生的总加速度很重要，决定了它的潜能。如果这个引擎的气体排放速度为3千米/秒，那么每次引擎推动飞船增加3千米/秒的前进速度，整个系统的质量减少到原来的1/2.72。这就意味着如果让每千克物质具有6千米/秒的速度，那么就需要2.72×2.72−1≈6.4（千克）的燃料，其他情况可以此类推。如果要计算到达其他行星所需要的速度，那么这高度依赖于所选的轨道和所用的时长。

还有一种方式是利用周围行星和卫星的引力，这样宇宙飞船就好像是被大一点儿的行星抛射出去的一样。就在此时，至少有5个小的宇宙飞船正在飞离太阳系的路上。直到最近，“旅行者1号”[①]能达到的最大速度是16.5千米/秒（10.3英里/秒）。它的引擎并不必要产生这么高的速度，大部分的艰苦工作是由木星和土星完成的。不过最近一个新的空间探测器创造了新纪录：“新地平线号”[②]空间探测器以最高23.5千米/秒的速度前往冥王星。

如果我们想从地球发射宇宙飞船，需要使用蛮力，一旦飞船进

---

① 译者注：“旅行者1号”是美国宇航局研制的一艘无人空间探测器，1977年9月5日发射，它曾到访过木星、土星。目前是离地球最远的人造飞行器。

② 译者注：“新地平线号”探测器，由NASA于2006年1月19日发射，其主要任务是探测冥王星及其最大的卫星卡戎星，以及位于柯伊伯带的小行星群。

入行星际空间，就可以使用更多巧妙的方法来推动。不过只有在较长的航程中，这才真的有效，才可以在很长的一段时间内持续加速，这就是替代推进技术的可能性所在。飞船的引擎并不需要像让我们离开地面的那种引擎一样强大，只需要非常高效。重点在于，宇宙飞船的引擎所产生的推动力取决于两个因素：喷嘴喷出的气体的重量，还有施加给这些气体的速度。化学燃料不能产生3千米/秒以上的速度，而燃料箱携带的气体重量也会降低其速度。所以想要减少气体的重量，就意味着我们需要赋予推进气体比化学极限速度3千米/秒更高的速度。这便是其他能源的用武之处。核能非常适合于此，另外我们也可以用太阳能来将推进气体加速到很高的速度。在欧洲太空项目“智能1号”[①]中，已经开始尝试与测试一项新的技术，这个项目主要是让一艘小的宇宙飞船环绕并探测月球。

除了太阳能外，还有一些其他选择。可以想到的是太阳风，它是太阳发射出来的极其稀薄的超高速气流，可以用以驱动宇宙飞船。但是这种气流非常微弱，需要用极其轻质的材料所造的巨帆来助力，即便如此其驱动力还是很弱。我想我们或许可以借用太阳发射出来的电离粒子形成的电磁场。用一根长而很轻的超导材料制成的电缆来传递磁场产生的电流。在一个大的回路中，这些电缆绕过磁场，同时拉动一到两艘宇宙飞船。

① 译者注：“智能1号”，欧洲首个月球探测器，发射于2003年9月27日，其主要任务是探测月球表面的化学元素和月球的构成。

在不久的将来，这些技术就可以使我们在一个相对合理的时间内，比如说几个月到一年内，去太阳系所有的星球旅行。 研究人员已经在研究和测试这些技术。 所以，如果说你对移居火星或者土星环（稍后我会讨论这个话题）着迷的话，那么恭喜你，因为我个人认为这是完全可行的。 这在我之前所设定的范围内（太空航行的范围是太阳系以内），或者说飞船的航行方式在现有物理学定律下是可行的。

在本书稍后的章节中，我会更为详细地讨论太阳系的未来。 但是我们有可能移居到其他恒星的行星上吗？ 我们能够获得到达这些恒星所需要的巨大速度吗？ 答案几乎是否定的。 离我们最近的一颗恒星是比邻星，距离我们 4.3 光年。 如果我们可以以光速也就是说以 3×10^5 千米/秒的速度接近它，这个旅行也需要 4.3 年。 而且会产生相对论效应，也就是说，根据爱因斯坦的相对论，与留在地球上的人相比，达到光速的旅行者会经历时间停滞。

有一些人推测是不是可以用辐射冲击宇宙飞船而产生巨大速度，就像把飞船吹向它的目的地一样。 但是，我看不出这种方法如何能够在效率上达到可接受的程度。 这种思路的错误在于它假设火箭引擎的燃料驱动方式效率非常低，依据是，它不但要给自己加速还要给其燃料加速，因此有人说在地球上使用燃料加速应该更经济。 但是，这种推理并不正确。 假设作为推进剂的气体发射速度可以控制（包括使用光辐射作为推进剂），那么理论上可以把所有消耗的能量都转化为对有用质量的推进力！ 这样想一想，通过把推进剂往后喷射，原则上可以确保推进剂的最终速度远小于飞船自身的速度，所以，用于推进的质量只是暂时地被加速到与宇宙飞船一样高的速度。我们所使用的能量一点也没有留在废气中。

充分利用这一事实，就要求喷射速度与航天器的速度保持一致，但是从技术上而言这是很难的。如果我们用一个恒定的喷射速度，那么一项小的技术计算就会表明，我们将会降低1/2到1/3的效率，这并不算太糟糕。我曾经自问，如果发射速度必须是一个恒定值，那么最优的速度是多少，而且我还亲自算了一下，事实证明：推进剂的最佳喷射速度是所需总速度的63%。这种情况下，最佳的能量效率能达到65%。这个数字确实是非常有效的，但是现实中，这必然会受限于其他的技术局限性。我的论证确实可以表明，从能量使用的角度而言，传统的火箭并没有那么差劲。

从离太阳很远的星际空间的恒星中获取“太阳能”非常困难。在这些恒星之间，“太阳”光线非常微弱，相对于驱动宇宙飞船所需要的巨大能量而言，这些光线的能量是微不足道的。最好的方法或许是放置一些巨大的镜子，来反射和聚焦这些微弱的“太阳”光线，直到它们可以被用作能量源。

核能是一种更为可行的选择。20世纪50和60年代，核动力火箭发动机曾被设计、建造和测试。1968年6月，最后一个KIWI系列的核动力火箭发动机在4 000兆瓦的功率级运行了12分钟多，这相当于4个核电站的功率！因为放射性污染的相关问题，这样的发动机只能被用于发射远离地球的大型宇宙飞船。

即便如此，飞船依然不能达到接近光速的速度。 从原子核中获取的能量可以驱动它以大约 1/10 光速的速度航行。 所以我们用化学燃料也有同样的问题，气体喷射速度是有极限的，这也导致了飞船可以达到的最高速度也有极限。 在此，我们还要面对的一个问题是，发动机还需要在旅行结束的时候使宇宙飞船慢下来。 这也是为什么宇宙飞船的极限速度仅仅是光速的百分之几的原因。 物理学家、诺贝尔奖得主戴森（Freeman Dyson）[①]曾经也描绘过一种建造核驱动宇宙飞船的方式，通过使用一个可控的燃烧氢或者重氢的核聚变反应堆，宇宙飞船可以以 1%光速的速度前进。

当然能预料到的问题也很大，我看到了各种严重的制约因素。在这样的高速下，与最微小的尘埃颗粒相撞都是致命的。 事实上，我们并不知道太阳系内部及其附近尘埃颗粒的密度，也不知道这将如何限制星际旅行中的允许速度。 这个限制可能是每秒几千千米。

关于太空旅行，还有一个值得关注的重点是，一旦飞船达到超高速，快要着陆时的减速也将是一个问题，没有什么可以用来把飞船往后拖拽。 为了减速，发动机需要向前喷射而不再是向后喷射，这个过程需要的燃料与飞船起飞时需要的一样多。 不过，难道真的没有什么可以用来把飞船往后拖拽吗？ 或许，我们可以利用星际磁

① 译者注：原英文版有误，戴森教授获得了无数科学奖项，但并未获得过诺贝尔奖。

场，这个磁场极其弱，但是我之前提到的超导风筝线或许可以很方便地获取。一圈大约有几千米长的超导线圈，就可以把握住这个弱磁场，使飞船减速。与此同时，会产生电流，可以被用作飞船上的能量来源。

我好像说的有点儿跑题了，回过头来说，结论便是到比邻星的旅行需要超过一千年的时间，这并不是一个令人着迷的前景。我们不只是想看看已有技术的可行性，我们也需要尊重事实。会不会有一群人，他们愿意而且有能力实现这样一个旅行？他们必须支付自己的能源账单，这个账单至少要保证一个大型发电站可以运行很多年。当然了，那些留在地球上的人不会愿意付出什么，因为他们并不会从这趟旅行中得到什么好处。

但是问题并不会就此结束。怎么在旅行中生存下来？冷冻人体？关于冷冻人类有很多的推测，这并不是完全不可思议的，我将会在第 18 章中更多地探讨这个话题。但是，即使在旅行中活了下来，那么到达之后呢？靠什么生活？可以种一个小菜园吗？或者办一个养鸡场？其实，完全不用担心到达之后的事情。如果我们能够成功地实现星际航行，就会发现，我们所在的地方并不是完全陌生的，恰恰相反，所有我们可能到达的太阳系中的目的地，都已经被彻底开发过，无论何地都有植物和动物的引入，这是用什么办到的呢？机器人。

这些机器人可以很小，但是要足够强健，而且装备精良，以抵御与尘粒的多次碰撞所激起的烟火。 它们的飞行速度可以远大于我们。 在任何情况下，机器人都会优于人类，而且我确信它们可以带一些种子到其他星球上，从而能开启小菜园。 使用机器人的好处是显而易见的，但这些机器人必须是智能机器人，我将会在第 13 章中详细阐述这个话题。

但是其他那些建议呢？ 时空扭曲，或者被称为穿越虫洞、黑洞或者什么的旅行？ 这些可笑的概念以令人吃惊的简易方式被强行插入科幻小说中，在第 1 章中我曾指出，甚至是一些严肃的科学家，也都荒谬地参与其中。 通常他们会讨论黑洞,基于爱因斯坦的广义相对论，一个黑洞可以与另外一个黑洞连接起来，从而创造绕开宇宙空间与时间结构的捷径。 这将会是一个非常方便的隧道，是连接不同宇宙中的点，就像一个巨大的地铁，非常适合时空旅行。

但是，千万不要被这些幻想糊弄了。 请允许我来澄清一下，黑洞很可能是存在的，我们已经探测到了，而且就在我们的银河系内。 粗略计算甚至还显示,它们是通向其他宇宙或者我们所在宇宙其他部分的通道。 但是，一个黑洞并不容易建造，我们目前已知的自然法则是不允许的。 建造一个足够大的黑洞所需要的条件，与基本粒子标准模型的法则不兼容，而至今还未发现这个标准模型有任何偏差，甚至是在最强大的粒子加速器和最敏感的探测器上。

即使有可能建造这样一个黑洞，伴随而来的引力效应也会破坏整个太阳系。 建造一个直径只有 3 米的黑洞所需要的质量就有木星那么大。但是，这个黑洞依然太小，靠近它任意地方的任何人，都会被瞬间撕裂。只有当黑洞的大小是太阳的几千倍时，对人类的空间旅行者来说才足够大，从而可以避免被重力潮汐作用撕得粉碎。另外，你可能还想要确认，当你在黑洞中时，除此之外不会再遭遇其他事情，因为里面可能有致命的放射性，可导致鲁莽的太空旅行者不会有任何生还的希望。天文学家已经在银河系和河外星系观测到巨大的黑洞，但是它们看起来绝对是致命的。

即使我们设定太空旅行者可以通过某种方式让自己免受放射性辐射，它也依然只是一个黑洞，而不是拥有漂亮的活板门可以通向其他宇宙的虫洞，因为那扇活板门必须由基于现代物理学不可能制成的一种材料做成。即使所需要的材料是存在的，也没有什么方式把门建造起来。“即使……也……”，嗯，就是这样，你懂我的意思。

其实在出现第一个“即使……也……”的时候，我就应该就此结束了。“扭曲”这个词到处都是，甚至霍金和克劳斯还针对这个话题进行了严肃的讨论。时空扭曲，或者其他相似的模糊概念，对科幻小说来说是令人愉悦的，但是在严肃的物理学中没有任何位置，我们不应为此对未来的现实前景而感到迷惑。

所以回到现实：除核能之外，还有一种选择不应该被忽略。原则上有下面的这种可能性（我们暂时不看技术上的障碍）：假设大量的反物质可以生产出来。这会消耗巨大的能量，但这是不可避免的，因为不管用什么方法，星际旅行都需要以消耗巨大能量为支撑。那么假设有两艘飞船，一艘由物质组成，一艘由反物质组成。就像你可能知道的那样，一旦物质接触到反物质，毁灭过程就会发生，同时会把大部分的质量直接转化为可用的能量。

所以，这两艘宇宙飞船在发送给对方一束物质的时候，一定要确保毁灭过程精准地发生在正确的时间与地点。这个过程会产生极高的温度与巨大的压力，还有速度接近光速的气体喷射。我们怎样才能建造一艘反物质船呢？我不知道，而且也没有什么容器可以存储反物质，因为任何普通物质容器在与之碰触的瞬间就会爆炸。所有建造这艘船需要的工具也都必须是反物质的，而且这些工具需要由反物质机器人来操作。所有反物质的东西都不能与物质的东西结合，包括空气。所以恐怕这个计划将永远无法实现。

尽管这种推进方法的实际困难是无法估量的，但它意味着，那些边界限制条件至少在形式上不是一成不变的，比如那些与核能相关的边界。然而，除了通过常规的方法（这里指的是使用引擎来发射气体从而产生向前推进力的方式），通过其他方式进行星际旅行仍然几乎是不可能的。这就意味着即使到那些最近恒星的航行，也需要几千年的时间。

对于大部分的科幻小说作者而言，这听起来是那么不可接受，甚至会被他们嘲笑。这主要是因为他们缺少对过去两百多年积累的科学知识的理解，尤其是物理学领域。虽然物理学的全新发展并不是完全不可能的，但在现有的物理学定律下，一个有血有肉的人到我们宇宙中另外一颗恒星的旅行是绝对不可能的。重要的是我们认识到，我们讨论的不仅仅是人类的局限性，这对外星人同样有效，而我们很多人似乎认为这些外星人已经在前往我们星球的路上。从技术的角度，即使这些外星人超前我们几百万年，物理学定律依然适用于他们。而且，用我刚才所描述的几种方法，他们也极不可能以比我们快很多的速度穿越巨大的宇宙距离。

应该明确的是，要支付的前往天狼星的单程票价格高昂，还有在时间长不可测的旅行中可能产生的牺牲与损失，我们或许可以得出这样的结论：人类将永远不能进行这样的旅行。这类旅行也不会有什么特别的价值，因为机器人的成本只是人类的一小部分，而且也不会介意旅行持续数万年。另外，它们还可以像我们开发地球那样开发新的星球。机器人会被送入太空进行这样的航行吗？如果会，那原因是什么？请继续往下读。

在下个世纪，冥王星轨道之外的冰冻矮行星将会是我们人类可以到达的外部极限。我们可以在这些冰封的世界中生活吗？当然可以！那会有趣吗？也许吧。关于殖民我们的太阳系，有很多激动人心的前景。

第11章 殖民者

那是1965年7月，我住在父母位于法国南部的避暑别墅，那里远离现代文明。但是，我爱读的报纸每天早上都会准时送到山中小屋，就像现在一样。我一直期待着关于火星的新闻，终于我等到了！美国第一个火星探测器“水手4号”成功到达火星，并且向地球上的NASA空间中心——喷气推进实验室（JPL）——传回了火星表面的照片。

在“水手4号”之前，美国有过一些发射任务，苏联也有一些尝试，试图把无人宇宙飞船送到火星，但都失败了。“水手4号”总共拍摄了22张照片，我当时看的报纸上刊登出来了2张。这2张照片不够聚焦，但我依然可以清晰地看到火星上的陨石坑。

美国的航天计划就此正式开始腾飞。1969年7月，“阿波罗11

号”的成员成功登陆月球的静海地区，并且装载着月球上的岩石安全返回地球。我关于人类殖民月球和其他星球的想象就此开始，势不可挡。

这会如何发展下去呢？人类的太空居住地，先是月球，后是火星，然后是像木星和土星这样稍大一点儿的行星的卫星，再然后是小行星？水星可以居住吗？气态巨行星对于人类而言是无法接近的，因为它们的大气层太重，引力太强，而且也没有固体表面。而它们的卫星，引力弱很多，而且大部分也没有明显的大气层。

最近，许多人在推测“外星环境地球化”这件事，尤其是针对火星。人类殖民者将在火星上建造一个宜居的大气层，还要把火星的温度提升到一个可以接受的程度，因为火星非常冷。我们已经知道的是火星上有水，但是以冰的形态存在。测量结果显示，有些冰层厚度超过几千米！然而，这对于“外星环境地球化”而言，还远远不够。水和空气必须从其他地方运过去，或许可以向火星空投一个或多个冰冻小行星（关于如何影响小行星的轨迹，在本书后面的章节中会有更多的阐述）。另外，还需要大量的二氧化碳等温室气体，因为火星接收到的太阳光远远少于地球，它离太阳的距离比地球远。

我承诺从科学的视角来讨论科幻小说，而且暂且不管其他因素，比如说实用性和可行性。那么，从理论上而言，科学法则并不禁止“外星环境地球化”这件事，但这看起来并不具有很强的可行性。对于火星而言，从长远来看，影响其气候还是可以想象的，但是月球的“地球化”完全不具有可行性。一个人造的大气层在月球上会非常不稳定，因为月球的引力太弱，空气很容易就会逃逸到星际空间。

后者的问题可能比想象的更严重。很长时间以后，也许是几百年之后，消散的空气最终可能会回到地球，因为地球的引力比较强。这将会引起意料之外的污染。相比之下，建造巨大的穹顶可能更为实际，它们由坚固的玻璃制成，穹顶之下是宜于人类生存的大气层。玻璃工业需要鼓足干劲全力以赴，而生产这些巨大玻璃穹顶的原材料好像可以在月球上找到。

然而，还有一个问题我们需要面对，那就是辐射。在我们周围的巨大真空中，有很多危险的有害辐射。在地球上，大气层保护着我们。而对于玻璃穹顶而言，只有当玻璃足够厚的时候才可以保护我们。气态巨行星的冰冻卫星温度极低，我们甚至可以用在那里发现的冰来保护我们。冰是非凡的建筑材料，曾经尝试堆雪人或者建冰屋的人会理解这一点。我们所用的玻璃或者冰，都需要足够厚，尤其是如果我们想建造一个巨型穹顶，因为穹顶越大，它下面的大气压力才会越大。我们必须加入岩石来加固穹顶，或者想建造得更好的话，可以使用多层坚固的透明材料来加固。

新世界的第一批移民，将没有玻璃穹顶可住。我想他们的第一个住处必然会是地下，没有辐射，也比较容易产生大气压。只是很遗憾，景色并不好。这批移民必须自己建造他们的第一个穹顶。

说来说去，我们在讨论的是天空中的哪些天体呢？其实许多天体都是适合的，像水星和火星这样的行星，地球的月球，木星较大的卫星（木卫一伊奥，木卫二欧罗巴，木卫三盖尼米得，木卫四卡利斯托），土星的卫星（土卫一美玛斯，土卫二恩克拉多斯，土卫三特提斯，土卫四狄奥妮，土卫五瑞亚，土卫八伊阿珀托斯），天王星的卫星（天卫一阿里尔，天卫二昂布瑞尔，天卫三泰坦尼娅，天卫四奥伯伦，天卫五米兰达），海王星的卫星海卫一泰顿，矮行星冥王星及它的卫星卡戎星，谷神星、智神星、灶神星这样的小行星，还有星际空间中那些更小的卫星和小行星。

但是，并不是所有的天体都适合。比如说，水星离太阳太近，致使白天的气温太高而让人无法忍受。很长一段时间，人们都认为，水星总是一面朝向太阳，而另一面一直都是寒冷的，但后来这被证明是错误的。由于受太阳和地球巨大的引力牵引，当从地球上看水星时，总是相同的一面朝向地球。但是水星是自转的，虽然它一天的时间长度是地球的 176 倍。尽管如此，我还是提到了水星，是因为从技术上来讲，还是有可能使水星上面的气候更凉爽一些，因为那里没有大气层。

其他选择，比如说木卫一伊奥，因为它接收到的辐射太强，我们必须挖极深的洞才能保护自己。另外，这颗卫星本身就是一座大火山，这意味着它的沉积物中含有大量的硫，在那里人类永远不会感觉舒服。而其他那些我之前提到的冰雪星球则距离太阳太远，这不仅仅会导致极其寒冷的问题（寒冷于星球本身而言并不是什么问题），也会导致它们接收到的太阳能太少。

1974年，专业物理杂志《今日物理》曾发表过由物理学家奥尼尔（Gerard K. O'Neill）撰写的一篇文章，引发了人类许多想象。奥尼尔指出，我们应该可以在太空中建造自己的世界，这个世界以圆筒的形式存在，而且可以围绕中轴自转。第一个圆筒式太空城的直径大概会有2千米，长度约为5千米，就像一个啤酒罐，围绕着长中轴自转。自转的结果是，在圆筒内生活的居民会被稳定在圆筒的内侧，有点儿像用洗衣机洗衣服，这种力可以模拟地球上的引力。太阳光可以通过3个大的窗户照射进来。那里有水，有空气，有农业，还有畜牧业，居民可以完全自给自足，那将会是一个真正的太空殖民地，类似地球的气候也会被创造出来。第一个圆筒式太空城将会在地球和月球之间的轨道上运行，而之后的圆筒式太空城有可能出现在星际空间中的任意地方。出于节省费用的考虑，建造圆筒的基石并不源于地球，而是源于月球、微型行星，或者是附近的小行星。每一个圆筒式太空城或许可以容纳数万人，甚至几百万人。

我的一个同事曾声称这将永远不会实现，他认为没有什么材料可以承受来自旋转和内部空气的压力。但是我不同意他的看法，我认为只要圆筒的外壳有几米厚，就一定可以承受这些压力。

一个圆筒直径的理论极限实际上是可以计算出来的，结果显示，它可以达到 19 千米，虽然我不太确定那些进行这项计算的人是否考虑到了采光和多余热量排出的问题。墙壁要非常厚，至少 5 米，而且还必须是由那种最坚固的铁制成的，这可能会成为问题。我认为圆筒的尺寸最好在几千米以内。只有当我们接受了比地球上略低的引力和空气压力后，才可以增加它的尺寸，而地球上的重力与空气压力的大小程度，是我们已经习惯了的。

奥尼尔的太空殖民地内部全景。考虑到目前人类已知的建筑材料，圆筒式太空城必定比这个要小得多。（见彩色插页）

圆筒内所有的一切都是可重复使用的，所以水、空气，还有其他必需品都必须一次性输入。几乎所有的原材料都不会来自地球，而是太空其他地方，因为从地球上运输成本实在太高了。除了水和氢气，大部分的必需品都会来自月球。水和氢气可以以冰的形式从小行星中获取，因为在小行星中有许多的冰有待发现。

值得注意的是，建造这样一个可居住的圆筒空间需要的大量坚固的钢铁实际上是存在且可用的。有些小行星主要由铁和镍组成，这类小行星中最大的一个叫作普赛克，宽度超过25千米，但是它却非常远。再小一点儿的铁和镍构成的小行星实际上普遍存在，我们可能会挑花眼。冶炼过程需要在太空熔炉中进行，但这从技术角度看是否可行，只有未来才能告诉我们。

这类殖民地的最大优点就是里面的居民可以感受到类似地球的引力，这可以让他们有一种在地球上的感觉。面临的一个困难就是建造这样一个圆筒式太空城需要的大量资金会很难筹到。很可能的是，经过筛选的一组先锋队员通过挖掘洞穴，先让一颗小行星变得可居住，然后攫取附近的小行星来建造更好的栖息地，直到类似“奥尼尔圆筒”的出现。

我想最有可能的是，未来的殖民者或许必须设法应付重力很小甚至没有重力的环境。他们的身体必须去适应这个失重环境，这或许比建造巨大的圆筒栖息地容易。一个令人激动的未来愿景是这样的：各种不同的太空殖民者和平共存，它们位于各种星球的里面、表面或是轨道上。

计算表明，太空殖民者可以围绕比冰冷的冥王星还远的星球运行，只要我们有巨大镜子来捕获所有可用的太阳光、热量和能量。甚至有些冒险者选择双曲线轨道向另一个星球航行，但是这些冒险者至少需要几百万年才能具有到达目的地所需要的速度。

总结一下，这一章所描述的是我在 20 世纪 70 年代所编织的梦想世界。 不过，我认为当时还有一些问题没有考虑到，这些问题会对未来引发有趣的延伸。 在后续几章中，我会告诉你这到底指的是什么。

第12章 视觉机器人

许多观察者都注意到了，在过去几十年，社会经历了极大的发展，其中一方面就是互联网，而大部分的科幻小说作者却根本没有看到。不过，他们之中还是有个别的人注意到了这些变化。我记得有这样一个故事：很久以前，有一个记者不仅报道新闻，还改编和报道那些他完全可以控制接下来发生什么的消息，也就是制造新闻，但是并没有人注意到这一点。因为当事件发生的时候，他与世界上所有的计算机都紧密地连接着，而且他自己还拥有一台半智能的世界级计算机。

然而，关于太空旅行的大部分故事，甚至都没有提到互联网。科幻小说作者并没有意识到，所有的旅行，尤其是那些重要的太空旅行，不管结果如何，世界上有一半的人一定会密切关注其进展，紧紧地盯着他们的电视或电脑屏幕。显然，无论信息革命会带给我们什么，对未来人类征服太空而言都具有决定性的意义。

我已经讨论过机器人。放眼看看当今的世界，在探索行星和它们的卫星方面，机器人是最有效的工具。在我写这本书的时候，“机会号”和“精神号”两个无人探测器正在火星上漫步。它们向我们发回图片，执行分析任务，而且完全是远程控制的。更早一些，“卡西尼号”空间探测器在围绕土星的轨道上拍摄了许多令人难以置信的清晰图片，有土星、土星光环，还有环绕土星的卫星。

同时，一个以荷兰天文学家惠更斯（Christiaan Huygens）命名的“惠更斯号”探测器已经成功与母船“卡西尼号”分离，并成功地在土星最大的卫星土卫六泰坦上实现软着陆。你可能早已知道了这些，因为可以通过网络或者其他媒体加以密切关注。看起来显然是用机器人探测空间比用载人飞船容易多了。不仅如此，机器人相对人类的优势也会持续增加，而且增加的速度会很快。

那么，为什么我们自己想去月球呢？啊，是啊，去看看那里到底长什么样。其实，与我们自己去那里相比，机器人会以更低的成本、更有效的结果告诉我们那里的情况。它们几乎可以适应任何环境，可在其中旅行，并对光谱中所有颜色的光进行观测和测量。那我们人类为什么还要去呢？

这里就不拐弯抹角了，对于这个问题只有一种回答，那就是扩张。我们想去征服那里，控制那些遥远的世界，去亲身体验在那里的感觉，感受那里的气氛。我们想去是因为我们可以做到，即使成本是天价。我们要确认地球上的生物，尤其是有血有肉的人类，可以生存在其他星球和太空中。或许还会有其他动机出现，使我们想把自己置身于遥远的太空中，比如说政治的或者司法的原因，或者也可能是所有权问题，然后还有军事的需求。完全可以想象，军方会坚持在太空建立人类观察哨。

同时，机器人也会执行这些本来属于人类的任务，而且会做得更好。只是，目前我们的机器人还不够智能，导致它们又慢又易受攻击。"精神号"和"机会号"火星探测器只能缓慢地移动，因为它们的"司机"在地球上。基于它们相对位置的不同，信号一来一回需要 8 至 40 分钟，因此，我们观察到机器人执行操作指令，需要同样长的时间。

在这种情况下，一定会出现很多错误。尽管如此，我们依然取得了许多进步，各种小的缺陷都可以得到修复。我们在智能电子领域的能力会通过处理这些情况而得到彻底的检验，而同时也获得巨大的改进。未来的星际探测任务会有更多的智能计算机相伴，甚至第一批在遥远星球上建立殖民地的先驱很有可能就是机器人，而不是人类。

但是，不是已经有计划把人类送到火星上吗？嗯，他们或许会在那里待上一年，然后呢，遗憾的是，他们会返回地球。我担心的是，这类任务最终会像辉煌一时的美国登月计划那样不了了之。在过去的三十多年内，没有人再次登上过月球，那里现在也没有一个人，而且人们对长期殖民月球的热情也已经消退。到达火星的航程，以及旅居其上的费用，都将远超登月计划。或许第一项任务之后就会有第二项，甚至还会有第三项，然后金钱和热情都必然会用尽，人们对永久的殖民化将不再有任何兴趣。就像登月计划一样，我们扩张的冲动在逐渐减弱。

我担心，火星的永久殖民化，在实现上还差得很远。与其过早地登陆火星，还不如先确定人类殖民太空是否可行。月球可以是最初的实验品。难道我们不应该先尝试着在月球上建立永久殖民地吗？这样我们不仅会获得宝贵的经验，更重要的是，在月球上进行一次发射所用的能量是地球上的1/20！因此，对于成功殖民火星这件事，未来的月球居民所处的位置比地球人或者任何其他天体上的居民所处的位置都要方便。

第一批月球殖民者该如何生存呢？我们假设，会有足够的先锋志愿者，而且留在地球上的人也愿意为这极其昂贵的旅行与停留买单，毕竟很长一段时间后，这一批先锋队员们才能做到真正的自给自足。然而只有自给自足，才能称得上是真正的殖民。

这些殖民者怎样获取他们需要的能量呢？还有空气、水、食物和安全。当殖民地开始发展，他们将如何扩展新家园？这真的是可以想象的吗？互联网这个新发明，应该被最大程度地利用起来，虽然大部分的科幻小说作者都没有预言这一点，但这一领域必然有着万千种可能性。

有一种推测是，未来月球殖民者将会依靠旅游业生存。相关的人会组织去月球宾馆旅行，在那里，度假者们可以做运动，在周围漫步，或者远足。也或许会有一些有特殊病症的人通过月球旅行来治病，因为月球上的重力远小于地球上的。这些人将带来殖民地扩张所需要的资金。

我提出一个项目，会使月球殖民者很快地做到自给自足，就是给地球上的互联网使用者们提供一些有价值的事情。像 NASA（美国国家航空航天局）和 ESA（欧洲航天局）这样的太空旅行机构可以推出几个到月球上的单程旅行，拥有足够多政府资金的民间机构也可以做这项工作。而舱内的大部分乘客都不是人类，而是机器人。它们也不是智能机器人，因为我们还未能制造出来，而是“机会号”和“精神号”的缩小版，换句话说，就像是一辆配备了手和工具的小型车。每一个机器人都会被装上摄像头，而且是那种很精细昂贵的摄像头，这就是我为什么要称这些机器人为视觉机器人。除了搭载这些机器人乘客，首要的任务还有带去一台能够持续发电一段时间的发电机，甚至是一个小的核反应堆。这台发电机会为机器人提供工作所需要的能量。另外，很显然我们还需要一台小型挖掘机和一条极其强大的通信通道。

实现这个项目需要的技术与知识已经存在，而且还被彻底地测试过，所以直到目前，我所提出的没有什么是在短期内不能实现的。不过现在有一个新的提议：这些视觉机器人可以被身在地球上的互联网使用者们租用。人们可以租用视觉机器人半天、一天或者一个月，只要他们想租，租用时间的长短主要依赖租用者的财力，因为租金不会低。另外，还必须有高额的存款押金来预防机器人有意或无意地撞上其他东西导致自身或对方的损坏。为了更进一步预防这些视觉机器人不可修复的损坏，模拟程序或操纵杆这样的软件会被引入，租用者可在事前练习如何控制视觉机器人。这些软件会被强烈推荐，或许一个人在租用视觉机器人之前，需要完成相关的驾驶课程，并且必须通过考试。坐在电脑前的懒人椅上来控制视觉机器人一点儿都不容易，因为信号传到月球再传回来大约需要 3 秒的时间。你发出的指令所产生的效果在 3 秒之后才能看到。

一个电脑屏幕将会显示视觉机器人拍摄到的图像，同时还有机器人的手臂。机器人会沿着月球的地形走，一路上捡石头，但是操作员需要确保视觉机器人的电池是够用的。当然，也可以租借一个通过电线连接主能源站的视觉机器人，这种情况下，操作员就不用担心电池充电的问题了。

视觉机器人在月球上也会有它们的领地，这取决于它们的活动半径，或许最开始只有几百米。我们可以发明视觉机器人之间玩的各种各样的游戏，比如说视觉机器人手球等。这些游戏或许没有像哈利波特里的魁地奇那么令人兴奋，但却需要玩家有极高的灵巧性。

如果视觉机器人的操作员没有特定的任务来进行挑战，这些人只是操作机器人在月球上闲逛或者玩游戏，那么他们很快就会变得无聊。毕竟，我们还想扩展和完善我们的视觉机器人殖民地。首先，我们将会为视觉机器人修路，未来的视觉机器人在月球上漫步会更舒服一些；其次，路两边会建立充电站；最后，还得进行工业活动。我们要生产和加工原材料，所以我们需要工厂。特别需要去建造一家为我们的住处生产窗户的玻璃厂、一个大型的能源站，长期而言还有视觉机器人工厂。最终的目标当然是使第一批视觉机器人生活的地方能够适宜人类居住。换句话说，视觉机器人的任务就是建造一个舒适的月球宾馆。

因此，视觉机器人的操作员将会成为雇员，他们也自然希望从中获得收入。那些善于操作视觉机器人的人或许可以赚回他们最初的租金投入，甚至可以从中赚钱。一些视觉机器人可能不得不做些信贷，而这些信贷只有当第一批游客到达月球宾馆后才会得到偿付，但是我不知道需要做怎样的财务安排，我对金融了解不多。而这很大程度上取决于视觉机器人操作员的热情和努力。让我充满希望的一点是，这样的冒险较少依赖政客与官僚机构，而更多依赖公众的努力和创造力。另外，还可以依赖一些组织，比如说美国行星协会，这是一个强大的美国太空爱好者组织，而且很有钱。我猜想他们会热忱地支持这样的冒险，而且会积极地为冒险进行规划。

只要有足够的玻璃来建造密封结构，种子、小鸡、蛋和鱼都会被引入，那将是月球农牧耕作的开始。这里有一个重点需要注意到：在月球上建立畜牧业与园艺都不会太容易，将会需要许多专家。全世界的互联网用户毫无疑问拥有海量的知识和创造力。因此我对此抱有极大的希望，最开始的几步必将由尝试与失败组成，但是人类的聪明才智终将会获胜。我想到了在哥伦比亚大草原上种植雨林的那些生物化学家们，与在月球上成功地建立农业和养殖业相比，他们的巨大成就可能会相形见绌了。

我指望着互联网可以提供相应的解决方案。视觉机器人的操作员之间有持续的联系与沟通，他们也会寻求第三方的帮助。众多的网站与聊天室会变得非常流行与有效，也会有许多江湖骗子希望对此有所贡献，但他们只有不切实际的狂热想法。严谨的工作者必须要使用安全的交流渠道，最重要的知识数据库和网站必须由专家来维护。

但是我们为什么不能让一个专业的太空组织来管理这项工程呢？为什么我们让没有经验的公众来掌控？况且这同时会伴随许多相关的风险。尽管有各种异议，但我依然坚持这个原则，原因是，这是这个项目获取持续的全球政治支持的最好方式。诚然，事情可能会出错，但如果需要修正，便会有足够的基金支持。也许这种方式也将利于让私有企业做一些到目前为止都是政府机构特权的工作。

令我高兴的是，我听说这样的私人机构已经存在了。“Astrobotic”是一个设计和制造机器人的公司，他们致力把自己制造的机器人送上月球。谷歌发布了一项“月球X计划”，并为此设立了3 000万美元的奖金来奖励第一个驱使机器人在月球上运行500米以上的团队。“Astrobotic”有意摘取此奖项，并以此为起点，重访“阿波罗11号”的登陆点。并且，公众能够通过高清视频看到这次到“静海”的旅行。“和阿姆斯特朗（Neil Armstrong）、奥尔德林（Buzz Aldrin）一样清晰地体验一次月球冒险”，他们的宣传册中是如此承诺的。

我还听到另外一种有意思的收入来源。把原料从地球运到月球上的费用将会是每千克几百万美元。这就意味着，只要6 000美元左右，就可以把已故亲人的几克骨灰撒到月球上。而撒骨灰的过程可以通过高清视频传送给在地球上的人。还有许多帮助这项尝试成功的富有创造力的想法，这只是其中之一。

如果事情按照我所设想的方式往前走，那么会有许多电视台和其他媒体都想来分这块蛋糕。也许，富有的实业家也会想要赞助视觉机器人或者这个项目中的其他部分。这样的事情越多，钱也就会越多，从经济角度来讲，把整个项目运作起来也就越容易。不过我担心第一批月球宾馆的游客，甚至之后很多游客，在隐私方面都需要做出让步。为了更大的利益，当然免不了牺牲。我已经开始用新的眼光来看《名人老大哥》这样的真人秀了。

从实际与安全的角度考虑，第一个月球宾馆极有可能在地下。到达月球的第一批游客很快就会感到无聊，想返回地球，但是随着殖民地及其活动的扩展，他们会想要待得更久一点儿。各种设施会随着殖民地的扩展而改进，因为月球上的引力比地球上的弱，人们也会发明更多好玩的运动游戏。在月球宾馆里操作视觉机器人将比在地球上容易得多，因为每一个指令后再也没有3秒的延迟。所以，随着越来越多的人移居月球，他们将会慢慢地但必然地赢得与地球上视觉机器人操作员之间的竞争，或者至少人们认为事情会如此发展。之后，月球殖民地将有能力发展自己的独立性。毫无疑问，到达那个状态还需要很多年的时间，但是一旦开始，殖民地就会像皮疹一样散布在月球的各处。

一旦我们的月球殖民地能够成功地自我建设，我们就可以把注意力转向火星。那时，我们已经从殖民月球的过程中获得了许多经验，便可以尝试在火星上做同样的事情。然而，这将会更为困难。因为一个指令与视觉机器人的反应之间平均会有大约20分钟的延迟，我们必须为之找到解决方案。

不过，我们的信息技术在持续稳步地发展，各种方便的软件也会帮助我们减缓通信延迟带来的影响。我们的视觉机器人也会变得越来越智能，虽然它们还没有人类那么具有创造力，但是也会越来越独立。一个摔倒的视觉机器人不再需要等待地球上发来的指令才能爬起来，站在轮子或者脚上，它们也将会有能力靠自己找到充电插孔。由此，视觉机器人便可着手它们在火星上的工作。

月球宾馆。它将是月球上唯一具有地球引力的地方。直径有125米，1分钟围绕中轴旋转4圈。行走在里面的抛物面形墙壁上，会有垂直站立的感觉。从中轴往远处走，引力逐渐增强，直到达到地球上的引力水平，那个位置待起来会非常舒服，虽然有点儿不太熟悉。图中地面上的小帐篷是早期殖民者建造的。(见彩色插页)

短期内，我们还看不到火星上的游客。我们还不知道第一批永久的月球殖民者会告诉我们他们在月球上是什么样的移居体验。或者潜在的火星探险者是否会被激励，从而真正地开启到那个红色星球的单程旅行，或者是预订了返程票（更贵）的旅行。事实是，从月球到火星会更容易也更便宜，因为月球上的引力较小，这就意味着在殖民火星的过程中，月球殖民者将会是不可或缺的一部分。

因为如我所想的那样，视觉机器人将会在征服太空中起着最核心的作用，所以我希望玩具制造商们能把视觉机器人的简化版引入市场。当然，通过这些视觉机器人玩具永远都不能近距离地看到月球，但是我们可以练习控制它们，而且我们还可以开始为视觉机器人手球游戏制定规则！

第13章 诺依曼机器人

创造自我繁殖机器人的想法并不新鲜，数学家冯·诺依曼（John von Neumann）于1957年去世之前，曾在一篇文章中论述了自我繁殖机器人可以存在的数学证明。

是的，基于我们目前的知识，很容易证明这样的机器人是可以存在的。每一个活着的生命体都是证据，毕竟，他们是自我繁殖的。这是我们宇宙最为神奇的特征之一：经历漫长的极为复杂的进化过程，出现了能繁殖后代的生物。但这并不是全部，他们不仅具有繁殖的能力，而且在繁殖过程中还可以进行略微的改变，我们称这些改变为基因突变。人类在地球上的漫长历史中，这种突变可以让后代能够适应多变的环境，从而最终取代他们的父辈。

当我们讨论到自我繁殖机器人时，想到的就是地球上的生命这样精彩的例子，但是生命同时告诉我们这有一定的潜在危险。被我们称作“生命”的自我繁殖机器人会以这样的方式被编程，就是不惜一切代价地进行自我繁殖。这会在机器人之间形成严峻的竞争，而且迟早会引起令人痛苦并且不快的战争。我们当然没有兴趣去创造一个全新的、更具侵略性的生命形态，它们还有可能比人类更狡猾，从而对人类自身的存在构成威胁。像冯·诺依曼构想的那样，创造机器人并不是完全没有风险的，科幻小说作者非常了解怎么基于这个主题写出令人兴奋的故事。

让我们向生物学家请教一下，为什么有生命且可繁殖的生物要持续不断地与其他生物进行生死攸关的斗争。看起来这一切都与在繁殖过程中通过基因实现从个体到个体的信息复制方式有关。每一个个体都携带着完整的基因序列，这些基因决定着生物的繁殖。

关于此，道金斯（Richard Dawkins）了解所有的事情，他曾在《自私的基因》这本书中详细地阐述过他的观点。基因是染色体的一部分，它们在生育过程中得到繁殖。基因存储的信息越有价值，那么这些基因被成功复制的次数就会越多。这是一条生物学法则，无论实际的行为和特性是包含在基因中，还是被基因触发，这条法则都真实适用。这本书的核心观点就是生物的行为完全由基因信息从父母传递给后代的方式决定。如果我们允许机器人在繁殖中以同样的方式传递基因信息，那么经过长期的进化，机器人将会遵循同样的生物学法则，行为举止在某种程度上也会像人类一样。

显然，我们绝不希望机器人变得暴力。如果处理得好，我们可以阻止这类事情的发生。仔细读道金斯这本书的人可能会学到怎样做才能确保机器人不会变得暴力。我们永远不允许自己用可变异基因去武装机器人，那将会是非常危险的。机器人应该被外部计算机所控制，而这些计算机能持续不断地彼此通信与交互信息。如果我们能密切地监控这些计算机，确保它们持续不断地交互信息，那么机器人的行为就会像蚁冢里的蚂蚁。从生物学角度来说，它们是彼此关联的，但是它们只对合作有兴趣，这与道金斯的理论完全一致。

不管怎么样，让我们继续称这种自我繁殖的机器人为诺依曼机器人。虽然诺依曼机器人是智能的，但它们处理的信息依然保存在大型中央计算机中。最终，在开拓星际空间的活动中，诺依曼机器人会取代视觉机器人。通过视觉机器人前期的开发，我们应该已经学会如何完成重要的任务。与视觉机器人不同，诺依曼机器人可以做到自行地完成这些任务。诺依曼机器人的优势在于，不管是什么样的有用信息，只要被一个机器人学习到，它就可以瞬间把信息传递给其他机器人。当然，出于对“基因失控”紧急危险的考虑，如果没有来自地球上总控中心的适当授权，这种情况绝对不允许发生。

现在，两项巨大的技术需求还没有得到满足，而它们就伫立在诺依曼机器人的发展道路上。

■ 具有深远影响的人工智能。

人工智能，当然不可能在弹指一挥间实现。诺依曼机器人会开发和改进它们自己，但是第一批模型大概还无法智能到可以独立工作。我们的诺依曼机器人①军队必须经历一段漫长的学习过程，但是随着获取的经验越来越多，它们会变得越来越智能。

■ 具备生产自身需要的所有零件的能力，因此它们必须能够识别、收集和转换所有的原材料。

在可预见的未来，精密电子元件依然需要地球上的人类来制造，比如说芯片和基于先进纳米技术的检测方法，因为我认为在短期内小机器人不可能掌握制造电子元件所需要的极其复杂的技术。不过可以想象的是，诺依曼机器人终将能够成功使用高度小型化的专用程序包来制造集成电路和其他电子元件。

与视觉机器人相比，诺依曼机器人能够更快速地开拓殖民地，当然这取决于它们的人类主人的指令。而且，因为不会受地球与它们所在地之间的距离带来的延迟限制，诺依曼机器人可以被送至更远的太空。

我有些怀疑，在每一个开拓的殖民地上建造适宜现代人居住的住处这件事，是否值得我们投入？视觉机器人和诺依曼机器人可以到达

---

① 译者注：英文原文为“视觉机器人(cambots)”，但从上下文来看，此处应为“诺依曼机器人(neumannbots)”。

一些人类完全无法企及的地方:太热的地方（水星、金星）、太冷的地方（土卫六泰坦）、太危险的地方（木卫一伊奥），另外还有可能有放射性或者其他制约因素的地方。 具有特殊适应性的诺依曼机器人能够承受这样的环境，但人类却没有任何机会适应这样的环境。

另外，未来的机器人不需要都是诺依曼机器人，它们可以向我们传回它们栖息地的图片和影像，其清晰度以及对细节的传递将远超目前相对原始的宇宙飞船能做到的一切。 到那个时候，信息技术就已经变革到能将海量的细节图片和其他重要信息传回给地球上的人类。 然后利用虚拟现实技术，我们就可以在舒适而安全的生活环境中体验机器人冒险。

大多数的人都不能通过任何其他方式体验太空冒险，而且我觉得大部分人会因我们所在的位置而非常高兴:虚拟地站在机器人的肩膀上，我们会感受到机器人所感受到的，不用太多努力，只用想象我们自己在遥远的太空就够了。 机器人看到的都是真实的，所以我们看到的也都是真实的，人们会沉醉其中。

我已经提到过诺依曼机器人可以开拓的殖民地有行星、卫星和小行星，它们中的一些对于人类而言也是可到达的。 然而，我还没有提到过一个特殊的地方:我在写这本书的时候，美国的“卡西尼号”机器人正在围绕土星这个瑰丽的星球进行着美丽的航行。 在土星附近，有几十个看起来极其可爱又充满魅力的小卫星。 那些光环到底是怎样一回事呢?

土星光环由各种尺寸的岩石组成，从小的砾石到直径几米的巨石。这些岩石的主要成分是冰块，它们被排列成美丽的图案从而形成土星光环。它们一定来源于一个或多个较小的天体中，当这些天体离大行星太近的时候，就会因受到强烈的引力作用而被撕扯开。这些破裂的石块相互撞击，结果，其中一些就会变为粉末。在其他卫星和行星自身的影响下，围绕着行星的那些碎片所在的轨道沿线就会被划为“允许的”和“不被允许的”两个部分。

“允许的”轨道就会形成我们目前所看到的令人惊叹的环形图案。而在环与环之间稍微暗的区域，就是“不被允许的”轨道，其中几乎没有冰石碎片。“卡西尼号”发现土星光环的可见部分只有几千米宽，这就意味着这些冰石并不想与它们的理想位置距离超过几千米。有些科学家甚至估计环的厚度只有几米。土星光环围绕土星转一圈需要花费的时间从几个小时到半天不等。事实上在每次公转中，它们都保持着与理想位置非常接近的状态，这就意味着这些冰石会以最小的相对速度相撞，可能都不会超过每小时几米的速度。这是一个非常低的速度！一艘宇宙飞船会很轻松地在这些冰石之间航行，碰撞并不会引起任何结构性的损坏。所以，甚至可能在这里建造一个殖民地！

让我们还是从一个机器人殖民地开始吧。土星光环之间的那个位置主要的优势在于没有引力，同时还具有丰富的可以用于建造居住地的原材料。不过我还不太确定关于辐射的问题。我记得从哪里读到过相关信息，说那里的电离粒子很少，因为组成光环的物质把它们全部吸收了，但是我还不能确定这一点。不管怎样，太阳发射出来的强紫外射线和X射线毫无疑问对人类会造成伤害。

这些环会形成一个表面，而这个表面的面积是地球表面的上百倍（这里，科幻小说作者可以编绘出超强国王控制整个星系的惊奇故事）。到土星光环的旅行和从土星光环出发的旅行都需要许多能量，因为需要克服土星上的强引力场。但设想一下在那里放置核聚变反应堆这个选择，毕竟我们有足够多的氢。能量永远都不会是一个问题！

土星光环上的生命确实会是独一无二的。每个环围绕着母行星运动的速度差异都很小，所以坐在一个环上，周围所有的冰石看起来都是不动的。不过，附近（比如说只有几百米远）环上的冰石，看起来就会是以每小时几米的速度在缓慢移动。附近的环在速度上不会有太大差异。

有时，当卫星正好处于某一位置，或者有彗星这样的外部侵入物时，就会引发风暴。那时，冰石的晃动就会更猛烈一些。对于大部分的光环而言，风暴其实是无足轻重的，因为临近的光环会吸收冲击波，但是最外层的F环，看起来就会更加不稳定。在这里，卫星会引起更多的不稳定状况出现，冰石也会更进一步分离，而且很难回到平衡状态。在其他地方，运动是完全被限制的。当达到完全均衡时，这些巨石会散发出世界一片和平的景象。

在我的预想中，土星光环是诺依曼机器人最理想的繁殖地。那里有原材料，不需要复杂的机械操作装置，可以进行大规模的扩张，从而使每一个机器人可以专注于执行自己的特定任务。随后，一些诺依曼机器人可以朝着光环外部扩散，先是朝着土星的卫星，然后回到星际空间，在那里还有更大的工程在等待开发。应当注意到的是，其他气体行星（例如木星、天王星和海王星）也有光环，但是它们都没有土星光环那么耀眼。

诺依曼机器人不像人类那样不能承受寒冷和能源匮乏等问题，所以它们能够飞离太阳更远。在冥王星以外，还有几个矮行星，它们之间相隔很远。它们中的小部分已经得到确认，但是天文学家们根据观测推测出那里一定有几千个行星和小行星，还有几百万个小物体，比如说彗星。

这些冰冷的岩石组成了所谓的柯伊伯带，这是一个围绕太阳的大圆盘，位于海王星以外，以近似圆形的轨道运转。柯伊伯带是以荷兰天文学家柯伊伯（Gerard P. Kuiper）的名字命名的，微行星反射的光极其微弱，所以探测到它们极其困难。天文学家目前可用的观测技术远不能达到它们的理论极限。他们在未来会发现更多天体，不管是用新一代的望远镜还是先进的雷达系统，这都意味着，未来的目标甚至是最痴迷旅行的诺依曼机器人，也都将会被观测到。对于诺依曼机器人而言没有任何限制，但是它们的旅行时间将会越来越长，最开始为 10 年，然后 100 年，不过没有关系，因为诺依曼机器人是长生不老的！

在柯伊伯带中，有数以百万计的小世界。未来诺依曼机器人会登陆它们中的多少个呢？最终人类可以移民吗？之后，机器人是否有兴趣开拓更遥远的星系呢？在柯伊伯带之外，还有奥尔特云，它的命名来源于它的发现者——荷兰天文学家奥尔特（Jan Hendrick Oort）。

奥尔特云是更为分散的冰物质集合。由于其他恒星使奥尔特云的轨道变成不完美的椭圆形，所以其中的物质随时都有可能被附近的一个恒星拉离它的轨道。那么，冰球就有可能摇曳着进入一个离太阳更近的轨道，有的甚至离地球也更近。如果这发生在数十亿年都没有接近过地球的物体上，那么它就会首次受到太阳的高强辐射。冷冻的气体和水被蒸发或成为离子，微小的尘埃粒子被吹走，形状就像一个尾巴，这就是我们观察到的彗星。根据每个世纪我们观察到的彗星数量，奥尔特估计出了冰物质的数量，他断定有数十亿个冰物质，实际上它们只是冰球，有一些冰球直径为几百米。

柯伊伯带像一个圆盘，而奥尔特云更像围绕太阳的球体云团。奥尔特云中的冰物质是稀疏的，冰物质间距比柯伊伯带中的还要大，很可能与围绕其他恒星的奥尔特云相连接。不过，诺依曼机器人还是能到达那里，只不过需要几千年的时间，但我们的诺依曼机器人终将会在星际空间中确立它们的存在位置。在那里，人类殖民是不太可能了，但是人类的好奇心依然存在。

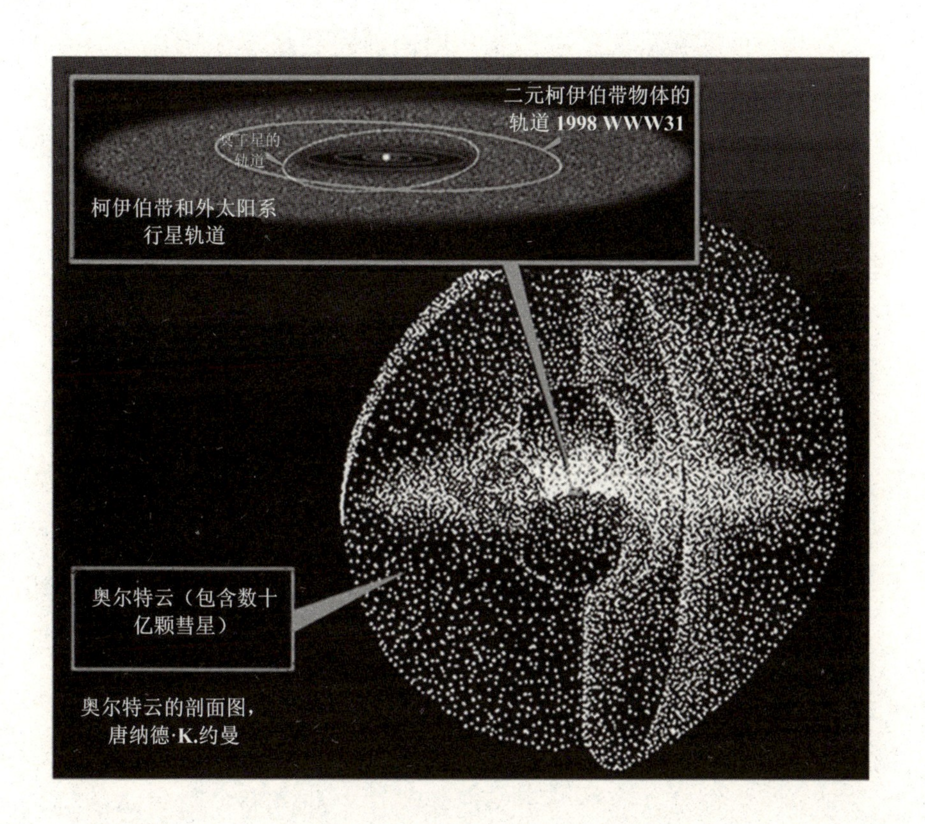

柯伊伯带和奥尔特云(见彩色插页)

从经济角度而言，这样的扩张可能没有太大意义。 哪里有人类殖民地，哪里就会有交易:月球和火星上的人类殖民者对水有永无休止的需求，以解决口渴的问题，而水资源在更遥远的殖民地是非常丰富的。 遥远殖民地的人们需要专业技术、各种各样的产品，可能还有来自行星系内部的原材料。 然而，柯伊伯和奥尔特拓荒者们将不得不独自前行。 或许他们还会加入距离和速度的竞争中，我们到底可以以多快的速度走多远呢?

人类将会朝着其他星系扩张，但是那将会是诺依曼机器人而不是有血有肉的人真实地到达那些超越极限的地方。与科幻小说中的既定秩序相反，在我们到达临近恒星的宜居行星之前，需要几千年甚至是几百万年的时间。奥尔特云中的居民会帮助我们建造极其强大的望远镜，为我们补充已知知识之外的有用信息。为了获取太空的三维图片，远距离放置的望远镜非常重要，用两只眼睛可以看到深度，而且眼睛分得越开，它们对深度的感知也就越准确。

另外，对于无数的小行星我们可以做些什么呢？我相信我们可以让想象更疯狂一些。并不是说对发现的所有世界我们都要去殖民，我们还可以做许多其他有趣的事情。在微重力环境下，我们可以建造疯狂的结构体，不用担心它们因自重而崩塌。比如说，企业家可以把一些小行星变为大的游乐场，那里布满在其他地方完全不可想象的游乐设施。各种职业的艺术家们可以在小行星上创造美丽的艺术品，不管是通过亲力亲为地雕刻还是通过远程控制诺依曼机器人来完成。一个人或许可以把一颗小行星变为美观但极其复杂的数学形状，比如说分形，这是一种包含了几百万次自身在更小尺度上重复的数学模型。一些人可能会创建疯狂而奇怪的雕塑，而日本、韩国和中国的艺术家们可能会受激发而去把他们的小行星变为巨大的佛陀。娱乐、艺术和宗教将是推动人类发展的持续而重要的动力。

毫无疑问，科学家会想在一些小行星上建造特殊的科学设备——让目前所有的望远镜都相形见绌的巨型望远镜。它会帮助我们发现奥尔特云里面新的冰雪世界，或者帮助我们对其他星系的行星进行研究。同时，它们也会有助于满足我们对宇宙的好奇心，那里有精彩的世界，虽然有的位于远得令人难以想象的地方。

当然，科技发展可能会带来非常不一样的转变。我提到了关于通信和计算机技术所有不受约束的可能性。但是人们真的想真实地尝试危险的空间旅行吗？或许虚拟现实可以达到这样一种程度：让我们可以在客厅里体验在群星中漫步的感觉。巨大的数据银行可以数字化存储所有新发现的风景。我们可以爬进虚拟的太空飞船，然后开始任何我们希望的航行，并且很容易就可以达到超过光速几千倍的速度。没有什么比这更舒服的了。太空旅行的冒险大部分都将会消失，但是或许虚拟的旅行体验会非常真实，以至于在普通安乐椅上的宇航员都不会意识到他所做的事情并不是真的！

第14章 基因

在前面的章节中，我描述了怎样在不违反自然法则的前提下到达其他星球，但是在我们的地球上也有许多重要的问题有待解决。我已经提到过信息革命和纳米技术，这将引起许多不可预测的发展变化。

去遥远的恒星与行星的旅行激发着每个人的想象力，但是到微小世界的航行同样壮观。 在微小世界中类似于诺依曼机器人的生物已经存在，它们就是细菌和藻类（病毒更小，但是它们只能寄生于其他生物的活细胞中才能生存与繁殖，而细菌和藻类可以独立生存）。 我们不喜欢细菌也是因为它们太独立了：它们根本不关注我们人类想要什么，而且通常我们很难控制它们。

你可能认为由信息专家发展的纳米技术和细菌学是完全不同的

专业领域，其实不然。它们都专注于微小世界，在纳米级别，它们之间的关联度变得更高，从长远来看，甚至很可能会融合在一起。

对于研究者而言，纳米技术和生物学的交叉有许多事情亟待去做，并且已经开始启动。目前发出的信号是积极的，研究者们用现代技术确立生物体 DNA 链中氨基酸分子的顺序，有机体的 DNA 链包含遗传特征的实用信息。

在这些伸展又缠绕在一起的分子中，大自然以最精细的程度保存了决定所有器官组成的整个程序。氨基酸分子（有 4 种，通常被缩写为字母 A、C、T、G[①]）被大自然用来生成我们 DNA[②] 中冗长的语言，总共约有 30 亿个字母（碱基对），相当于 1 G 的内存。对高度发达的生物体尤其是人类的 DNA 进行解码，对于生物学家和化学家而言，都是一个巨大的挑战，但是他们获胜了。

2000 年，人类基因组工程项目宣布，代表人类基因序列的人类基因组草图的绘制工作已完成。但直到 2003 年，生物学家才敢完全确认这个序列图。值得注意的是，我们的编码并不比一只鸡或者一条蚯蚓的编码复杂多少，更有甚者，这些生物 90％的编码是相似的！而不管一个人是什么种族的，他与另外一个人之间的差异都小于 0.1％。

---

① 译者注：A 为腺嘌呤，C 为胞嘧啶，T 为胸腺嘧啶，G 为鸟嘌呤。

② 译者注：DNA，英文全称为 deoxyribonucleic acid，中译为脱氧核糖核酸，由含氮的碱基、脱氧核糖、磷酸组成。

这个结果瞬间引爆了许多问题:大自然是如何读取这些编码的?这些字母的意思都是什么? 它们是以特定的方式排列的吗? 我们是否能揭示所有的细节? 哪里写着我们手上有 5 个手指，脚上有 5 个脚趾? 哪里可以找到一个人的长相? 我们的身体是一个大的信息存储与处理系统。 通过基因加到我们身体上的各类荷尔蒙传递着这种信号。 它们对环境的刺激做出反应，确保我们经常使用的肌肉变得更强壮。 这些都是怎么完成的，对于我们而言大部分依然是未知的。 DNA 就像一个巨大的计算机程序，装载着各种各样复杂的子程序。

还有一些工作是有待完成的，而我不明白为什么这些在短期内不能得到解决，包括：

■ 我们应该能够以更快的速度读取 DNA 编码，就像读取电脑硬盘那样快。 在这个过程中，纳米技术将会起很大的作用。

■ 我们有许多内容需要读取，我们想知道地球上所有生物体的基因组，而我建议从那些濒临灭绝的生物体开始。

只有通过这种方式,我们才能够理解基因的工作方式。我认为这种需求将会升级到识别人类个体的基因组层面,这将会在很大程度上提升医疗上的诊断与预后①准确性,并有助于确定治疗方案。

之后,我们还可以培养“组织储备”,这样就可以消除排异反应的

① 译者注:预后,对某种疾病最后结果的预测。

危险，毕竟一个身体是可以识别自己的组织的。现在我已经充分意识到这项技术所引发的各种问题。我们如何保护个人隐私呢？关于这一点，我不想说太多，但很显然的是，个人隐私必然会得到很好的保护，我认为一定会有好的解决方案出现。

但是在学会读编码之后，我们还必须学会写编码。之后我们就可以尽情地去做实验，但是这样就会有我们必须去面对的更大的伦理问题。

电影《侏罗纪公园》假定了恐龙的DNA依然完整地保存在琥珀中的蚊子体内。事实上，这些蚊子已经处于高度腐烂状态，它们肚子里的血液DNA也不会是存活的。但是DNA的痕迹还有可能依然在那里，先进的探测技术或许可以基于这个做些事情。与关于DNA工作方式的大量知识相结合，研究者们或许就有机会来恢复存储在有高度缺陷的DNA上的信息。也就是说，已经灭绝了很久的动物包括恐龙都有可能会复活，这并不是完全不可想象的。

这部电影剩下的内容并不值得我们去花费时间。我不知道我们是否会有这样的需求，但是即使我们想要复活史前动物，也会是在一个动物园里。动物园里的这些动物很难对人类和现代动物产生真实的威胁，相反，保护这些史前野兽抵御当今侵略性的生命形态会是困难的，毕竟，当今的这些生命进化得更多。另外，社会上已经有把渡渡鸟和长毛猛犸象复活的想法，所以我们离这样的进展其实并没有那么远。

然而,更吸引人的是,甚至可以创造出一些在历史上从来没有存在过,而且通过自然进化也永远不会出现的物种。我指的是那些可以通过各种方式帮助人类的动物、植物和单细胞生物体。想一想食品工业吧,我们把各种柔软的毛茸茸的动物塞进小笼子里,强迫它们吃东西,然后把它们变成我们餐桌上的食物,这种方式真的很野蛮。那么,我们是否可以创造出没有脑袋的肉片?这样它们就不会有感知。在没有奶牛的情况下生产出牛奶?在没有母鸡的前提下生产出鸡蛋?水果和蔬菜可以快速而高效地长成,同时还可以加上任何我们想要的佐料?

当然,水果和蔬菜种植者们很久以来一直都致力这项工作,但是他们只能利用已有的植物和动物,通过杂交来优化某些遗传特性。有时候科学家可以成功地把一个生物体的基因植入另外一个生物体的基因中,主要方法是反复实验与纠错。如果我们知道怎么以完全正确的方式创造全新的遗传特性,水果和蔬菜行业将会变得完全不一样。

食品工业并不是我们可以使用人造植物的唯一领域。在前面的章节中我曾经讨论过通过过滤盐水来获取淡水,或许在适当的时候,我们能够制造出能创造一个新植物品种的基因,在阳光的辅助下,这种新的植物可以直接把盐水转变为淡水。这可以帮助我们阻止更进一步的沙漠化,或许甚至还会影响到我们的气候,就像在第 8 章描述的那样。

关于太阳能,我也有一些类似的建议:设计一款可以直接把太阳能转变为汽车燃料的植物，或者可以直接发电的植物。诚然，这有些不着边际，但是在生物体中发电基因已经存在了，看看电鳗就可以明白。所以一旦我们理解了基因是如何工作的，又是如何正确排列的，那么这些设想就不会是完全不可能的。

其他实际的应用将会出现在我们与瘟疫和害虫（比如说蚊子）之间持续的生物战中。蚊子并不应该被完全消灭，它们在我们的环境中有着重要的功能，但是我们可以发明一些东西来阻止它们叮咬人类。

很久之前我曾读过一篇科幻小说，里面的转基因宠物智能到可以与人类对话。这个主意本身并没有那么令人难以置信，但是为了能够说话，就必须对下颌与喉咙进行大幅的改造，这样的结果就是产生一只看起来再也不像猫的猫。用适度的改造来提升宠物的智商还是可以考虑的，但是我已经说过生产智能计算机有多难，所以在尝试精准定位人类智力，并确定如何改变这种基因行为时所遇的困难，很可能会在一段时间内阻止我们执行这样的操作。当然，有人可能会想，我们是否真的想要智能宠物？好吧，我想如果我们与宠物之间的相互理解更多一些的话，生活会更美好一些。

对于科幻小说而言，有一个诱人的想法是一个专门养殖蝴蝶和花卉的农场，用巨额的费用把一个公司的商标植在蝴蝶的翅膀上或者郁金香的花瓣上。这件事情并非不着边际，人们总是在乐此不疲地干类似的蠢事。

让我们的想象力带领我们跑得更远一些，我们或许也期盼着基因工程可以成为太空殖民的一部分。那些打算在月球上生活并养育子孙后代的人会希望以这种方式改变他们的基因，让他们在重力只有地球的1/6的月球上觉得舒服。那些在小行星和其他空间居住的殖民者也将需要对自己的基因甚至他们家畜的基因进行改造。

那如何“生长”出我们居住的房子呢？我曾读过一本关于住宅的科幻小说，它这样描述：如果想挂一幅画，只需将一点儿DNA注入墙体，然后就能长成一个挂钩。

鉴于作者是一个物理学家而不是生物学家，他不会像生物学领域的学者那样被这个领域的许多知识所限制，未来生物学家们一定会用很多合理的论据来反对这个想法。我们的基因并不像建筑图纸那样可被我们轻易修改。生物体基因的编排方式极其复杂，把一个商标植在翅膀上也绝非易事。

即使一种植物或动物是人造的，它依然需要保护自己，抵御各种寄生虫和疾病，还必须能够自我繁殖。另外，我们必须非常严格地确保这些人造的植物和动物不会威胁到我们既有的植物群和动物群。这将被证明是一块相当难啃的硬骨头，但是我对人类的创造力有很高的期待，而且我相信对于生物技术和基因技术而言，还有更多的应用有待发现，而这些应用会超出现代人的认识。人类的创造力是无限的！

我说过，对于纳米技术，我有很多期待，希望我们可以用它读取和编写 DNA。但是这种“跨领域应用”可能有两种工作方式：纳米技术也可以对一个 DNA 分子不可思议的变异加以利用，而且这已经在发生。微观引擎和探测器可以由 DNA 组成，或许 DNA 本身就可以被用作电脑的存储器。毕竟，DNA 是在分子层级传递信息的自然方式，而且使用的是比现在的计算机复杂得多的方式。

第15章 摆脱引力

与此同时，另一场革命也在材料领域悄悄地进行。材料正在变得更好：更轻更坚固。这从新的建筑和桥梁上可以很明显地看出来。重要的新材料有许多，其中之一就是纤维。

纤维的拉伸强度与其重量有关。一种新材料能有多大潜力与它使用的纤维的强度有直接关系。一项网络调查发现了一些不同寻常的事情，纤维的强度用克/旦表示。1旦是什么？它是指9 000 米长的丝线的质量克数。1克/旦强度的纤维是指，如果其长度不超过9 000 米，其足够坚韧能够承载自重。网上还提及了一些强度很大比如8 克/旦的纤维，还有一个网站提及了一种 23 克/旦的凯夫拉尔纤维。这种纤维在长达 207 千米时依然可以承载自重。

这些数字告诉我们：如果一座桥全部以这些纤维建造，桥的最大跨度将会是多少；或者用这种纤维制成风筝线，风筝能飞多高。当然，桥梁还必须承受路面和车辆的重量，不过几十千米的桥梁跨度是完全没问题的。顺便说一点，蛛网，也就是蛛丝，是最坚韧的自然纤维之一，几乎与凯夫拉尔纤维的强度相当。目前还没有人工仿造蛛丝的方法，但我可以这样做：用蜘蛛的某个基因代替蚕的某个基因，就会得到一个吐蛛丝的蚕。相比之下，普通的蚕丝要脆弱得多。

因此，纤维的强度可以很容易地表示为，它能承载多长的自重。一根线的粗细并不重要，因为粗线缆虽然更牢固，但却更笨重。事实上，强度最大的纤维最多能承受约 200 千米的自重，而强度最大的带钢只能承受 13 千米的自重。

我要提醒的是，奥尼尔圆筒式太空城的最大直径是 19 千米。假设我们想在太空城内部生成类似地球的重力，这就是普通钢可以制成的最大尺寸。圆筒上的每一点都由两个部分互相支撑，所以每一个部分只需承载 9.5 千米的重量。剩余的力量用来支撑圆筒中的其他重量及气压。

然而，对于纤维和线缆来说，理论上的限制是什么呢？除了上述以外，还有很多。钻石十分坚硬，能够承载 3 800 千米的自重。但是最坚固的材料是由单层或多层碳原子卷曲而成的网状结构，这就是所谓的“纳米管”，人们正在研究。它们具有许多特性，比如在低温状态下是超导体。然而，它们最引人注目的性质是强度：它们能承载的自重长度长达 11 000 千米，这比地球的半径还要长。这种材料可以被用来制造连接地球和星际空间的线缆。 更准确地说，是在一天内恰好绕地球运行一周的卫星（也就是所谓的地球同步卫星）能够通过这样的线缆与地球相连。

顺便说明一下，我在这里引用的都是最乐观的数据。 另外一些在技术文献与网络上传播的数据显示这些材料并没有我在本书中说的那么坚固。 我的数据只适用于最理想的状况。

我记得这样一件事，当我和一位材料领域的专家谈论纤维的时候，他立刻明白了我的问题所在。 他不耐烦地看着我："又有人在幻想太空电梯了。"我能听到他的思考。 "但是你要知道，理论和实践之间相去甚远。"他说。 事实上，在现实中我们必须考虑材料的缺陷。

缺陷是不可避免的。 在实践中材料的强度比理论上要脆弱得多，因为会出现破裂的情况。 如果一个原子脱离，就会引发雪崩式的结果，所有邻近的原子都会脱离。 材料会破裂，线缆就会断掉。我们的目标永远都应该是设立屏障将破裂保持在最低值，但即使最小的裂缝都会严重损害材料。

好吧，实际的问题是：其中必然含有原子偏离它的位置，一旦偏离，产生的后果必须被最弱化。 而这在我看来，是纳米技术人员的工作。 现在，已经可以建造纳米管，但它们又小又短。 我们需要发明一种技术将它们编织起来，就像将棉花编织成绳子，即使只能达到最大强度的一半，即承载 5 000 千米的自重，这都将有助于实现各种革命性的应用，比如太空电梯。 当然，在我的想象中，这种具有非凡强度的线缆在太空中将会得到很好的应用。 一个能承受自身重量的线缆能够一端固定在地球的某一处，比如赤道，另一端连着一颗地球同步卫星。

地球同步卫星通常与地表相距 35 783 千米，在这个距离的位置上，地球的引力刚好可以牵引住卫星与地球同步旋转。 如果我们希望卫星能承载一根拉着电梯的线缆，那这个距离还要再远一点，至少 40 000 千米。 地球将牢牢拉住线缆的底端，因为另一端实在太遥远了。 如果你进一步计算，就能清楚地看到，一个能承载 5 000 千米自重的线缆就足够了。 然而，沿线缆向上的每一点，都要根据实际需要非常精确地调整其厚度:在 35 000 千米的高度上需要厚一点，在地面上方的部分需要薄一点，因为离地较近时，线缆只承载电梯的重量，不承载其他部分的线缆重量。

除了燃着火焰的巨型火箭，太空电梯是到达太空的一个替代工具。 这是我在第 1 章中提到的。 我们从一个地球同步卫星上接一条线缆到地球，然后我们让一台电梯沿着线缆上上下下。 记住我在第 2 章中说的，无论使用怎样的技术，把任何有效荷载一直升到星际空间都会消耗巨大的能量。 然而，如果设法将上升的与下降的电梯连接在一起，可能会节约很多能量。

关于太空电梯的构想产生已久。 早在 1895 年，俄国科学家齐奥尔科夫斯基（Konstantin Tsiolkovsky）就设想建造一个“比埃菲尔铁塔还大很多”的建筑物，用线缆把它的顶端与一座“天空之城”相连，这座“天空之城”大概就是我们现在所说的地球同步卫星。“宇宙飞船”通过攀爬线缆进入星际空间。最出名的是科幻小说家克拉克（Arthur C. Clarke）在他1978年的小说《天堂泉》中的一段细节描写：在赤道附近的一座山上，人们建造了一座数英里高的塔，上接线缆连接太空，线缆硬如钢铁且细如牙线。现在我们知道，这个设想至少在理论上是可行的。

NASA已经认识到太空电梯的潜力，于1998年聚集了一批科学家，委派他们做这个项目的研究工作。他们得出结论是：需要建造一个至少30千米高的高塔。我们知道，以我们现有的建筑材料来说原则上是不可能做到的。那里，高至同温层，线缆可以升至触及地球同步卫星。太空电梯一定不能触碰线缆，但能通过磁力的作用拉动自身，就像漂浮在磁场上的磁悬浮列车。研究者认为这在未来50年左右或将成为可能。地球同步卫星将必须携带一个平衡配重以提供必要的力。大家认为一颗小行星可能适合充当配重。

实践这个项目有一个问题就是环绕地球的大量“太空垃圾”，这些垃圾源于过去数年发射的大量人造卫星以及各类散落下来的零部件。许多卫星已彻底废弃，便增加了太空垃圾。有人想出了这样一种办法，即把线缆放松使其避开太空垃圾。我认为先把所有残骸清理干净会更好，反正清理工作迟早都是要做的。所有垃圾，无论是螺母还是螺钉，碎片或是完整的人造卫星，都必须一个接一个地被探测并清理掉。我认为，在更先进的信息技术即将到来的时代，这些工作将会变得易如反掌。

很显然，我们实际上距离建造这样的太空电梯还十分遥远，最大的障碍是:我们需要线缆的强度比现在线缆的强度大几十倍。可能有人会考虑，我们是否应该先从一个更容易达到的目标开始呢?

好吧，月球其实也有引力场。现在你应该已经知道，在未来真正有结果的空间探索中月球有多么重要了吧。月球的引力比地球要小得多，一根在地球上能承载 200 千米自重的线缆足以连接月球和星际空间。那么一个物体就会在环绕月球的轨道上运行。我们需要把人造卫星或空间站放置在所谓的“拉格朗日点”的位置上，这些特殊的位置能让飞船保持在与地球或月球相对静止的位置上。最近的一个“拉格朗日点”与月球表面相距 60 000 千米以上，这里需要的线缆比在地球上举起电梯的那根还要长，但强度要求会低一些。

除了电梯，线缆和纤维在宇宙中都会有各种有趣的应用，比如连接两艘宇宙飞船，或把一艘宇宙飞船连接到一颗小行星上。

这些令我想到了人造重力。我们知道，在电视上太空旅行者们总是在飞船中自由地漂浮，或至少在引擎关闭的时候可以这样做。由于发动机开启时会消耗大量的能量和燃料，所以大部分时间它都是关闭的。当然，失重对人类而言不是一个自然状态，这就可能导致一些问题，比如骨质变得疏松。我们的骨头和肌肉在零引力环境中几乎不会怎么被使用，会严重退化。

然而，可以人工制造重力。在科幻小说中，通过大型宇宙飞船围绕其中心轴旋转而实现，就像奥尼尔圆筒式太空城一样，居民们将被推到圆筒的内侧，这一侧对他们来说就像地面。连接两艘宇宙飞船也是可能的。用一根500米长的线缆，我们可以让宇宙飞船以2圈/分的速度相互环绕。在两艘飞船上，较远那端就相当于地面。

此刻正环绕着地球的国际空间站（ISS）已经应用了这个机制。在与中心相距一定距离的两侧，两个分离舱可以通过线缆连接，一边一个。如果两边的线缆长度都是250米且以2圈/分的速度旋转，那么舱内就会产生类似地球表面的重力，这对长时间居住在空间站中的宇航员来说是非常适宜的。

这种结造对火星之旅的太空舱而言无疑是一种选择，对未来的宇航员来说，零重力的旅行环境并非必要。这很重要，因为整个旅行大约需要八个月。太空舱旋转的速度是如此之慢，以至于人们会很快习惯，尽管刚开始会非常引人注目或许还会稍显刺激。

电流通过线缆在太空中使用数千米长的线缆是一项棘手的任务，许多尝试都已经失败了。一项连接卫星与航天飞机的试验未能取得成功，因为电流通过了线缆。如果线缆上没有电阻大于其他部分的薄弱点的话，这原本不应该是个问题。在这点上温度急剧升高，不断地弱化并最终损坏线缆。很显然，在太空中使用线缆有安全隐患，我们需要确保线缆不会破损。

当对小行星的殖民时代开启，无论是人还是机器人去殖民，线缆都将发挥十分重要的作用。线缆可以连接两个物体并使之运动起来，通过在恰当的时刻切断线缆，可以把物体甩到需要的位置。这种方法甚至可以用来移动小行星。小行星的大质量意味着，其速度变化可能很慢，比如每小时一厘米，但即使是这样的速度也十分重要。让我们举例说明：有一颗小行星对地球或某个太空殖民地有威胁，这时可使它的速度发生微小的改变，只要这种改变提前的时间足够长，就可以扭转局面。我会在第 17 章回到这个话题。

如果你想在线缆的太空应用方面让幻想自由驰骋的话，我不得不说，有一个严格的约束，这可以被认为是一条自然法则。我之前指出过，线缆的质量可以用它在地球引力下能够承载多少千克的自重来衡量。这里我们指明线缆质量的单位为千米^2/秒^2，或速度单位的平方。这个数据是自重的长度乘以任何行星引力加速度的结果。地球的重力产生 9.8 米/秒^{2}的加速度（“地球的重力加速度”是指一个物体掉落时，1 秒之内它会掉落得越来越快直到速度达到 9.8 米/秒）。后来发现的纳米管质量约为100 千米^2/秒^2，大致等同于地球的逃逸速度的平方，这意味着它们很适合用于建造太空电梯。凯夫拉尔纤维的质量大约是 1 千米^2/秒^2，钢铁大约是（350 米/秒）^{2} 或（1 000 千米/时）^{2} 以上。这也就意味着，如果两个物体用线缆相连，两端的相对速度就永远不能超过这种线缆强度特性速度（线缆质量的开方）。例如，按如上解释，纳米管末端的最大旋转速度不能超过 10 千米/秒，这也决定了用线缆加固过的汽车或火车轮胎的速度上限。一旦超过速度上限，轮胎就会爆炸。

同样的逻辑也适用于飞轮。飞轮用来储存动能，比如车辆的动能。当司机使用刹车来减速时，能量可以被用来加速飞轮，稍后司机想加速时，飞轮又可以将能量回传。原则上，相比于速度保持恒定，这个过程总体上不需要更多的燃料——这是一大进步。

根据以上解释，如果飞轮用钢铁制成，它的速度可能永远不会超过每秒几百米。这就限制了它的能量储存能力。这也是为什么由钢铁制成的飞轮，比如汽车上的飞轮，不能像电池一样储存较多的能量，更别说汽油了:化学反应能让分子以每秒几千米的速度运动，而能量是这个速度的平方。所以，没错，化学反应的确比飞轮能储存更多的能量。

与人们通常认为的不同，我们知道飞轮单位重量所能储存的能量与其体积无关。然而，如果体积和重量都不重要，飞轮将具有明确的优势，因为它转换能量的效率可以非常高。

回到太空旅行这个话题，我们发现，小行星和宇宙飞船只有在它们之间的速度差小于线缆质量所能承受的限制时才能通过线缆相连。轨道速度通常是每秒几十千米，所以只有当两个物体处在相邻轨道上的时候才能通过线缆相连，因为在那里它们的自然速度几乎是相同的。

第16章 外星人

让我用一个真实的故事来替代科幻小说。科尔曼（Sidney Coleman）是我这个专业领域有影响力的知名专家，他供职于名声在外的哈佛大学。碰巧科尔曼是一个科幻小说迷。他的一个好朋友萨根（Carl Sagan），是广受欢迎的科普书籍及电视节目的作者，代表作品有《卡尔萨根的宇宙》等。萨根建立了一套系统，他希望通过仔细分析从宇宙中发出的无线电信号来发现地球以外的文明。这就是SETI工程，即地外文明搜寻计划(Search for Extra Terrestrial Intelligence)。

在19世纪60年代，科尔曼和萨根会定期相聚谈论科幻小说。一天，他们去了一个很好的绅士俱乐部。“西德尼，”萨根说道，“我有一个有趣的问题想问你。不久，第一位宇航员将会在月球上着陆。没有人知道月球上是否存在对我们的健康有害的生命或微生物。如果这些宇航员在不知情的情况下把微生物带回地球该怎么办呢？ NASA应该采取什么预防措施使我们免受潜在的风险？”他们一边品尝着上好的红酒，一边针对这个问题进行了深入的讨论，并提出了许多方案。当然，人们对这些微生物长什么样毫无概念。从逻辑上和科学上说，这种微生物几乎不可能存在。可万一存在呢？

这是一个发人深省的讨论。他们初步达成一致，认为为了安全起见，返航的宇航员可能需要被隔离几天。对于登月旅行而言，隔离可能只是一种形式，然而一旦开始火星探索，我们必须更加小心谨慎以避免污染，尤其是避免地球和火星之间的相互污染。应该制定一个每个人都必须遵守的协议。“我们需要强调一点，从一个星球到另一个星球上的微生物污染概率应低于0.1%。”这是他们暂时的结论。

科尔曼把这场对话当作另一种对科幻小说的构想。因此，不难想象，当他一个月后在门垫上看到一篇文章的草稿时，是多么的惊讶：《宇宙飞船消毒标准和火星污染》，萨根和科尔曼著，即将投往《航空航天学报》。这篇文章认为，一个星球与另一个星球交叉污染的可能性应低于0.1%。此外，这篇文章陈述了对宇航员应如何进行隔离，和一种生命形态的个体从一个星球到另一个星球仍能存活的概率为何低于1/10 000。

这篇文章被发表了，因为这是该话题下的唯一一篇科学文章，

NASA 的特别委员会，负责航天任务安全的 COSPAR（空间研究委员会）采纳了这一套标准。 在德克萨斯州的休斯敦建了一个用于特殊目的的建筑，那就是 LRL（月球物质回收和回归宇航员检疫实验所）。 在那里，返回地球的宇航员接受隔离，他们带回来的所有岩石样本都会在一个密闭房间里接受单独检测。 当然，最终并未发现任何问题。 所以说，在面对潜在的世界性灾难时如何保护人类的命运，这一方案是在一瓶好酒的"催化"下确定的。 故事到此结束。

在我看来，在地球以外的行星或卫星上出现任何自然生命形态的可能性都是极其微小的，即使在人们猜测可能存在生命形态的火星和木卫二欧罗巴上。 虽然如此，可以想象的是，原始生命形式在远离我们许多光年的某个地方出现过。 如果有任何的智慧生命形式从这些原始生命进化而来，这极有可能发生在离我们很远的地方。下面我会说说为什么我这样认为。

我已经解释过生物体的本质是什么：它们是在自然过程中形成的诺依曼机器人。 一切都始于细菌甚至更原始的生命形态，经过数十亿年的漫长进化，变成了我们所熟知的地球上不可思议的丰富生命形式。 我也曾解释过，设计和建造诺依曼机器人是一件非常复杂、艰巨的工作。 我相信这种情况只可能自发地发生在地球上，因为这里有着近乎理想的独特环境：恰好的温度，原始物质与环境，以及各种挑战和宇宙事件的完美组合。 这些塑造了我们的进化过程。

对于任何一个行星来说，已经发生或正在发生这种事件的可能性微乎其微。在地球上发生并引发生命自发进化的事件也可能发生在其他星球上，但其所需的一系列环境极为罕见。这就是我为什么认为，我们宇宙中的邻近星球很难发生这种奇迹。

自然法则往往被科幻小说作者所忽视，这些法则不仅适用于我们，还适用于所有天外来客——那些乘着飞船来拜访我们的“小绿人”。但是很显然，他们躲过了地球上所有科学研究者的法眼。为什么这些外星来客能长期躲避我们的探测，在我看来，原因十分明了:它们根本不存在，至少不存在于我们这儿。

我曾和一位同事打赌，我坚信在火星上找不到任何生命形态。现在我准备把这个结论放在太阳系的所有行星和卫星上。我的猜想是，离我们最近的存在生物体的行星距我们几百光年，而智慧生命一定在比这个远得多的距离才能搜寻到。在那么远的距离里，有那么多的恒星和星系，在那里发生一些不可思议事情的概率可能会稍微高一些。

我承认，这种陈述并没有科学根据，而只是一种个人猜测。但是即使我有100倍的误差（这是很有可能的），外星人依然需要几十光年才能到达我们这里。就像我们一样，他们的旅行速度甚至不能超过每秒几千千米，他们也不能亲自旅行，而会制造诺依曼机器人并将它们送入太空。因此，如果我们能够观测到外星人，他们很可能是机器人，是一种能够完全适应漫长太空旅行的人造智能生命形态。

想象一种外星生命形态，他们有足够的能力、耐力和动机开始一段旅行，花费人类世界几千甚至几百万年的时间。 他们要保护自己免受陨石冲撞、辐射伤害，还要小心在这样一段时间内累积到惊人程度的各方面的老化。 很显然，这样的旅行需要飞船上有各种装备来修复可能遭受的任何损伤。 据我估计，这种飞船必须有一整队专用机器人。 在我看来，最大的障碍就是动机：为什么要耗时耗力地做这种事情呢?

顺便说一下，这也是反对所谓“有生源说”[①]的一个论据。“有生源说”认为原始生命可能一直在外太空游荡，“感染”所有的行星，让生命得以在那里繁衍。 来自高能粒子和紫外线的辐射对DNA及相似的分子来说太危险，以至于它们很难保存和传播它们所携带的信息，在到达易受感染的星球之前，它们必须在太空中花费数百万年的时间。 外太空的环境与一个被精挑细选的由地球大气层保护的环境无法相提并论。 尽管恒星之间有数不清的小天体，可以成为星系之间有效的传播介质，但进化依然无法在太空或那些小天体（彗星、小行星之类）上发生。 科学地说，这个理论并非绝不可能，但依我的感觉极不可能成立。

然而，生命可以通过人工智能的方式传播。 正如我在第13章所说的，我相信诺依曼机器人可以缓慢但有效地征服我们周围的宇宙。 它们将可以远航到冥王星之外的地方，从一个小行星跳到另一

① 译者注：有生源说是19世纪70年代科学家提出的地球生命来自太空的猜想。

个小行星，从柯伊伯带到奥尔特云，最终再从那里驶向别的恒星。鉴于我们的诺依曼机器人每秒至多行驶几十千米，所以这将是它们最终横扫整个银河系的速度。这意味着，在几百万年之内，诺依曼机器人将占领我们银河系中相当大的一部分。

这种计算并不完全是无稽之谈。古生物学者曾研究过人类文明传遍整个地球的速度。显然，通常拥有革新技术的新居民每一代能将文明传播几十千米。这就是这些居民开拓周边地区的速度，他们的后代会居住在距父辈几千米远的地方。对诺依曼机器人来说也是如此，它们会以建立殖民地的速度传播，也就是一个诺依曼机器人设法到达下一个可居住小行星的速度，这个速度高的是每秒几千米，或者每十万年一光年。

诺依曼机器人对突然从一个恒星到另一个恒星之间的旅行并不太感兴趣，它们感兴趣的是从小行星跳到小行星，或者从慧星到恒星。即使如此，它们应该能在不到 1 亿年的时间内遍布整个银河系。也许我有 10 倍的误差，但即使需要花费 10 亿年的时间，也已经很快了。银河系几乎和我们的宇宙一样古老，年龄超过 130 亿年。

一方面，如果在银河系的其他行星上能找到类似于人类的文明，你可能会期待他们与你有类似的想法。不是所有的行星都经历了 130 亿年的漫长演变。但如果存在这样一个行星，在超过 10 亿年前，那里曾出现过类似我们的智慧生命形态，那么他们的诺依曼机器人应该已经找到我们了。尽管有关 UFO 的报道不计其数，我却不认为这些事件真的发生过。尽管我想给予 UFO 目击者们适当尊重，但我想象不到这些诺依曼机器人没有留下踪迹的任何理由。这些踪迹在我们太阳系的任何地方，对于所有人而言都应该是显而易见的。它们并不存在。因此，我必须得出结论，智慧生命形态出现在银河系中的其他星球是不可能的。另一方面，在我们宇宙的可见部分，有数十亿的星系，它们中的一些可能存在文明。由于信号在这些星系之间传播需要数百万年的时间，毫无疑问，与它们建立双向通信通道是完全不可能的，但探测到这样的文明，或许是有可能的，谁知道呢?

在我之前，物理学家费米（Enrico Fermi）最早提出了这样的论点。“其他人都在哪里？”是他关于外星人的反问。我完全同意他的看法。当然可以想见，对于任何形式的诺依曼机器人来说，穿越恒星际距离基本上是不可能的，因为自然法则并没有特别允许它在彗星之间跳动。当然，也可能是其他类似人类的文明决定放弃制造诺依曼机器人的想法，但是为什么呢? 我不明白为什么会那样。

第17章 玩转星球

直到现在，我的讨论都只局限于那些人类可以投身的冒险，不公然违背自然法则，也不做太多不合理的投资。一切都与我们已知的自然法则一致，更确切地说，与我们现在所知道的自然法则一致。

让我更进一步说明。假设人类已经通过诺依曼机器人和视觉机器人占领了所有的行星和卫星，那些充满冒险精神的殖民者已经遍布我们行星系的各个角落，一些居民已经改变自己的基因以更好地适应新居住地。毕竟，许多卫星和行星的引力只是地球的一小部分，殖民者的骨骼会因此受损，他们需要在基因组成中增加一些东西以防止骨骼钙化。此外，他们可能会种植出新型农作物，养殖出新的牲畜，并完全适应了可能要应对的新的昼夜节律，等等。当然，金星不会是我们的首选地区，它的气候太过温暖，大气层稠密且有毒，而且由于存在巨量的二氧化碳，温室效应已严重到无法控制。至于火星，这个红色星球太过寒冷，大气层也太过稀薄，而且也没有足够的温室气体。

想象一下，我们比现在先进一百万年，外星环境地球化改造也许已付诸实践，也许没有。除此之外，我们还能做什么呢？我们能不能稍微移动一下金星或火星，来改善那里的局住环境呢？这些问题的关注点与我们卓有成效的纳米科技刚好相反。我们不满足于操纵小得让人难以置信的物体，也希望能掌控一些大得惊人的东西。在小星球、小行星的世界，存在着微重力。这就是为什么我们在那里可以使用比地球上的挖掘机和冶炼高炉大得多的机器。为什么我们不能像征服微观世界那样去征服宏观世界呢？小行星也许是一个不错的开始，它们大小各异。

我这就来解释征服宏观世界所面临的困难，那就是时间。总的来说，大的物体的移动速度比小的物体要慢，因此，也就是说，所有较大物体的变化都十分缓慢。例如，我们计划从小行星上获得大量钢铁来建造奥尼尔太空城，这些钢铁必须在太空中用巨大的高炉加工处理。如果这可行的话，这些宇宙中高炉运作的速度将会比地球上的慢很多，就是因为它们太大。

尽管如此，我们怎样才能影响行星的轨道呢？让我先来描述一下长期以来一直认为的原则上的可能性，直到我偶然发现一个完全不同的科研成果。首先，从最小的小行星开始，我们用线缆将它们与在宇宙中漫游的更小的石块相连，这些小石块小到可以用火箭来移动。小行星和小石块之间连成一个吊索，通过在适当的时间切断吊索，我们可以对小行星的轨道产生微小却意义重大的改变。举例来说，在两个小行星之间制造一次碰撞，或者更好一点，引导它们接近一个较大行星的引力场。当小行星接近较大行星时，如果我们能在恰好的时间改变其速度，那么大行星的引力会极大地增强这种改变。这样，我们就能卓有成效地改变小行星的运行轨迹。

我们现在确保让小行星接近一个较大的行星，比如金星或火星。行星和小行星之间也同样也形成一个吊索，但量级大得多。因为每当一个小行星接近一个行星时，它们就会交换部分动能。更确切地说，我们希望它们交换两种物理量:动能和轨道角动量。轨道角动量是指行星围绕其轨道中心点的旋转运动。如果你对这些力学原理并不熟悉，我就不再详说相关公式惹你生厌了。这个想法的关键点就是，通过依次移动小行星影响行星的移动，从而让它们偏离原先的轨道。

我们可以设立一些项目小组，让其掌控自己的小行星。所有的小组都努力把动能和轨道角动量尽可能多地从一个行星转移到另一个行星。我们需要至少三个行星来实施这个项目，例如金星、火星和木星。木星太过庞大，很难偏离轨道，但它的动能和轨道角动量对我们是有用的。

我的想法就是，通过上述方式，把金星移到离太阳稍远一点的地方，把火星移到靠近太阳一点的地方，这可能要花数百万年的时间。 这样，金星和火星就可能变得适宜居住，或至少对我们而言更宜人一些。 一旦进入新的轨道，这些星球就可能会开启进化的新篇章甚至创造出生命，或者至少能接纳人类带去的物种。

为了将行星移入新的轨道，对行星及小行星的轨道特性进行大量精确测量和计算十分必要，而这应该不成问题:地月距离的误差目前已经在 4 毫米以内。 这种误差在将来某个时候会缩减到微米级，在更远的未来，会缩减到纳米级。

这就是最初的想法。 当然，现实要复杂得多，因为所有行星和卫星的运动都相互影响。 这些影响十分微小，但是从数千年的时间跨度来看，却是十分显著的，这就是为什么火星最近离地球更近了，比过去数万年都要近。 火星的轨道并不是一成不变的，而是一种越来越近椭圆的形状，这是由行星现在的位置引起的。 一万年之后，离心率会再次消失。 因此，太阳系中的不同行星的轨道尽管会发生缓慢的变化，但总会在适当的时候回归到它们最初的位置。 在遥远的过去，这套体系花费了几百万年的时间稳定下来，这意味着，无论我们试图做什么，现在的状况都将会在数千年后回归。 所以，我们费力地让金星的位置离太阳稍远、火星离太阳更近的尝试终会失败，除非我们找到新的方法。

更精确地说，在太阳系内，遇到不同程度的“混沌”是常有的事，因为轨道参数的波动方式有时不可预测，这太复杂了。 事实上，这与地球上的天气情况类似。在很长一段时间内，天气很容易被预测，但是最近，“平均”的天气是可以被十分精确地预测的，但在短期内，天气的波动非常剧烈。天气难以预测，是因为每次变化，无论多么微小，都会演变为天气模式的完全改变。我们在计算中每一次舍入产生的误差无论有多小，都会导致我们的预测在一段时间内出错。这就是科学上所谓的混沌。

轨道参数波动最大的矮行星是冥王星，冥王星通常会保持在它的轨道上，但它也可能会移动到完全不同的轨道上，甚至完全离开太阳系。这些都可能是由那只扇动翅膀就能在几周后显著地改变天气的小蝴蝶造成的。

为了弄清如果添加一个大小类似于火星的行星，我们的行星系统会发生什么，研究人员进行了计算。令他们感到惊讶的是，在某个时候，这个外来的行星可能被其他的行星群体驱逐，然后其余的行星会恢复到原来的设置。

稳定性是有条件的：小的变化可以忽略，但如果轨道改变太大，稳定性就可能会被破坏。行星可能发生碰撞或成为彼此的卫星。如果要实施我的想法，行星系统的稳定性可能会被打乱。即使我们想把地球排除在外，地球轨道仍然可能会发生改变，地球和火星或金星之间很可能会发生碰撞。

我们不仅要时刻避免碰撞，行星之间也不应该离得太近。如果金星或火星与地球的距离变得像地月距离那样近，那么潮汐力就会造成毁灭性的洪水和地震。 轨道参数不能超过某些临界值，一旦超过，情况将会失去控制。

因此，混沌仍然是一个问题，但它同时也可能就是自己的解决方案。 一个极为先进的文明可能会利用这种不稳定性，通过对系统施加高度复杂的预先计算过的干扰，来确保行星重新排列在可接受的轨道。 我们假设科学家能够非常精确地测量和计算每个行星和卫星的质量和位置。 然而，他们很可能会遇到这样一个问题：永远无法停止这个星际台球游戏，因为如果放弃控制，灾难将不可避免地发生。

由于混沌的存在，一种想要改变行星轨道的先进文明也许会找到一个比我在本章开头所说的更聪明的办法。 他们会明白，在金星、火星和木星之间像巨大的钟摆一样吊起小行星没有意义，但是他们会将小行星发送到冥王星以扰乱其轨道。 随着时间流逝，冥王星会按照预先计算的那样引起火星和金星轨道的变化。

他们也许还想重新定位地球。 研究太阳的天文学家知道，在未来数亿年里，太阳将会变得更大更亮，而且更热。 那时候，我们希望地球离太阳远一点。 显然，一个拥有这样雄心壮志的文明必须能够做到我们做不到的事情，并且认识到投资的意义和重要性，因为这些投资要经过数百万年才能得到回报。 这个文明将需要一个完全不同于我们的政治体系！

第18章 疯狂的想法

如果你认为之前的章节还不够古怪，那么我建议你取下书架上任何一部科幻小说，因为大多数科幻作者都在写一些不切实际甚至完全不可能的概念。沿着这个思路，瑞吉斯（Ed Regis）在他的著作《伟大的曼波鸡和超人的条件》中描述了对未来不可思议的幻想。当人们感受到死亡临近的时候，无论是因为身患不治之症还是年事已高，他们的身体能够被冷冻并储存，期望将来科学能解冻并治愈他们。但是，精密制冷程序是否能正确地进行？我们能相信未来的文明愿意解冻任何人吗？他们会不会说："这真是太糟糕了，不过鉴于你已经永久损坏了，我们会把你的身体与其他垃圾一起丢到太空。"瑞吉斯把这种过分的乐观叫作"hybris"，一种混合了极度傲慢、狂妄和轻信的情绪。

另一些人则期望在未来，人类的大脑会被植入电子设备，这样人类将作为混合机器人继续存活。 所有的老化过程将由于新的科学发现而停止，没有人会死亡。 这种半人半机器人将征服宇宙。 我曾经描述过以大约 1 000 千米/秒的速度旅行的实际科学限制，但这种半人半机器人不会被像光速这样小小的障碍而阻挡。 最终，“欧米茄点”达到了，由此，人类的意识与整个宇宙融为一体。

受到诸如《星际迷航》等科幻小说的启发，我们实现了巨大的跳跃进入超空间，飞船以翘曲速度从一个星球到另一个星球，忽视了所有相对论的定律，不受任何逻辑推理的阻碍。 在我的世界里，这种距离的航行需要数万年的时间，即使如此，你在星际空间或银河系中也走不了那么远。 用接近光速的速度运送人类根本就是不可能的，因为天文量级的能源消耗，因为不可避免的致命辐射，还因为完全不值得为这样一次旅行支付不菲的花费。

所以人类无法做到这一点，但也许其他生物生命可以。 我们的诺依曼机器人可能想要携带冷冻细菌和藻类，以及所有必要的信息，一旦他们到达一个合适的星球，就可以开启更高级的生命形态。 这样，只要我们愿意，或许就能够传播生物生命。

另一个我不断产生的疯狂想法与通信有关。 在许多科幻故事中，为了能与其他星系的文明接触，作者会假设通信速度比光速要快。 然而，根据严格的自然法则，每条信息需要经过很多年才能有回应，对于那些不那么遥远的星系甚至都需要几百年的时间。 没有哪一个快节奏的冒险故事能够容忍它的故事情节中出现这种复杂状况！ 这太糟糕了。

另一个广为流传的方法甚至代价更低:我们为什么不使用心灵感应或其他精神力量呢? 我们的世界里有许多超能力者和其他具有超自然天赋的个体，我们听到过太多关于他们的故事，以至于我们几乎相信了他们的超能力:完全不受自然法则限制的特异功能和现象。我们可以通过超自然渠道进行简单的沟通，因为超能力者对相对论一无所知，他们不认为这是一个严重的障碍。

我一再坚持认为，所有这些传闻中的现象都只存在于我们的想象中，没有人有超能力，无论多无关紧要的信息，都只能根据自然法则进行交换。 尽管我经常受到嘲笑，但是我坚持认为我是对的，这绝不是因为我在个人网站上打了个赌，邀请任何相信自己有超能力的人来展示。 他们只需根据我的规则通过一个测试，我相信有关超自然现象的众多声明，只要有一个是真的，都能很轻松地迎接挑战。 但是至今没有人回复我的邀请。 如果你是那些人的信徒之一，那么对此我表示遗憾。 我并没有幻想能改变任何人的信仰，但我也不会同情他们中的任何一个。

世界著名的魔术师兰迪（James Randi）甚至准备了 100 万美元，给任何能用超能力说服他的人，但目前还没有人能得到这笔钱。 大多数的说法太模糊，根本经不起检验。

具有新科技含量的大型项目能否让人类走向更高的层面? 人类

殖民地能否在邻近的行星和卫星上蓬勃发展？ 我们的机器人能到达附近的恒星吗？ 如果太阳膨胀爆炸，我们能否稍微改变地球的轨道呢？

不久前，我在哥本哈根出席一个会议时，有一个下午的自由时间在城里自由漫步。 当我沿着水边散步，正陷入沉思时，我走过世界著名的美人鱼雕塑，有许多想法突然涌现：突变？ 基因工程？ 在这里我正在与之打交道的人想要生活在水里吗？ 远处，有一艘大型船只停泊在港口。 当我走近的时候，才意识到这艘船有多么巨大，这是一艘老式的客轮，一定历经过无数次航行。 就在那时，我注意到船首令人骄傲的字眼：史特丹号！

这是我父亲建造的众多船只之一，一艘远洋轮船，一座海上的浮动城市！ 我仍然保留有我母亲在这艘船上的照片，摄于 1957 年。 突然之间，我仿佛看到五十多年前人们眼中的未来是怎样的景象：我们梦想着越来越多的大型船只带我们进入新天地。 每一个时代都会产生梦想，只要符合工程技术理论和不变的美丽的物理定律，总有人能使这些梦想成真。

月球宾馆。它将是月球上唯一具有地球引力的地方。直径有125米,1分钟围绕中轴旋转4圈。行走在里面的抛物面形墙壁上,会有垂直站立的感觉。从中轴往远处走,引力逐渐增强,直到达到地球上的引力水平,那个位置待起来会非常舒服,虽然有点儿不太熟悉。图中地面上的小帐篷是早期殖民者建造的。

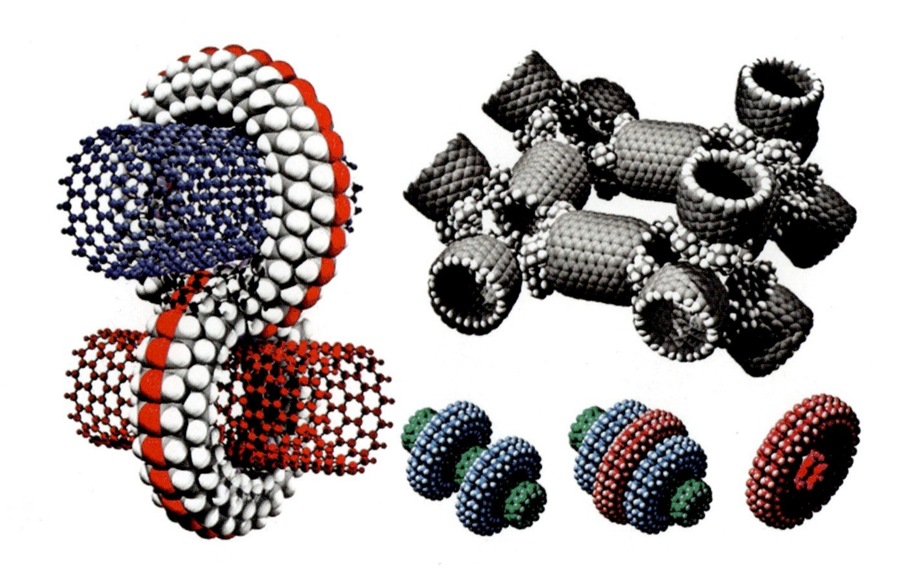

几种纳米结构、连接器和原子层叠

由空心混凝土块建造的堤坝横切面。涨潮时，混凝土块就装满水，从而变得更重，这能提升它抵抗水压的能力。落潮时，水从空心混凝土块中排出，降低堤坝沉入泥土的风险。

哥伦比亚东部热带稀树草原上人工种植的热带森林

奥尼尔的太空殖民地内部全景。考虑到目前人类已知的建筑材料，圆柱体必定比这个要小得多。

莱茵丹号,1951

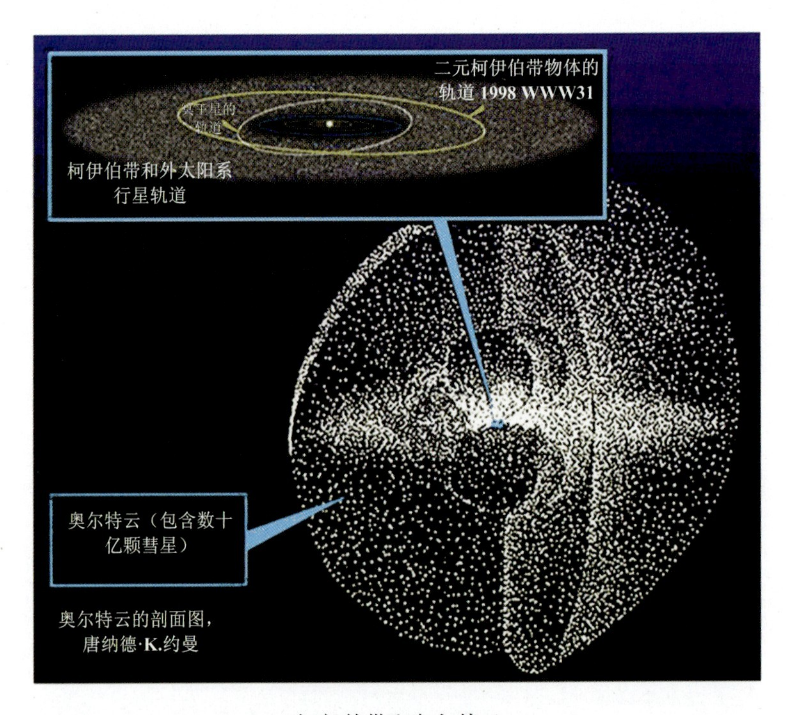

柯伊伯带和奥尔特云